计算机应用技术规划教材

ASP动态网页程序设计
与制作实训教程

第2版

唐建平　主编

机械工业出版社
China Machine Press

本书在第1版的基础上，根据学生学习情况及用书教师反馈适当增加了一些更具有代表性的实例。各章节均遵循实例分析、知识讲解、拓展练习的模式，系统介绍HTML语言、ASP基础知识、ASP运行环境、VBScript基础、VBScript对象、ASP编程以及ADO对象的相关知识，并通过上机实训、思考与练习帮助读者总结提高。本书还给出两个综合实例，包括BBS论坛、动态网站的制作，帮助读者了解ASP制作网页的过程。实例的操作步骤清晰易懂，并加有注释，程序完整并且均已调试通过。通过阅读本书，结合实例和上机实训进行练习，读者能在较短时间内基本掌握ASP及其应用技术。

本书系统性强、条理清晰、内容完整、图文并茂，丰富的实例分析较第1版更适于作为相关院校的教材，也可作为计算机爱好者的自学教材，或供网络技术开发人员参阅。

图书在版编目（CIP）数据

ASP动态网页程序设计与制作实训教程/唐建平主编. —2版. —北京：机械工业出版社，2011.6

（计算机应用技术规划教材）

ISBN 978-7-111-33478-1

Ⅰ. A… Ⅱ. 唐… Ⅲ. 主页制作-程序设计高等学校：技术学校-教材 Ⅳ. TP393.092

中国版本图书馆CIP数据核字（2011）第024744号

机械工业出版社（北京市西城区百万庄大街22号 邮政编码 100037）
责任编辑：秦　健
北京诚信伟业印刷有限公司印刷
2011年6月第2版第1次印刷
185mm×260 mm · 14印张
标准书号：ISBN 978-7-111-33478-1
定价：29.00元

前　言

ASP是目前最为流行的开放式的Web服务器的应用程序开发技术，是动态网页的重要设计工具。ASP已经成为许多学校计算机及相关专业的必修课程。ASP的内容较多，但难度不大，如何在教学中突出ASP的重点难点，使学生尽快掌握ASP是关键问题。本书作者都是教学一线的教师，综合近年来ASP教学实践而编写了本书。

本书首先从ASP开发环境介绍，其次介绍HTML、VBScript基础、VBScript对象、ASP编程以及ADO对象的顺序，逐步深入。每章遵循实例分析、知识讲解、拓展练习的模式，实例操作步骤清晰易懂，并加有相应注释，程序完整且都已通过上机调试。通过阅读本书，结合上机实训、思考和练习等内容，帮助读者总结提高学习效果。本书最后给出两个典型的应用实例，包括BBS论坛、动态网站的制作，帮助读者学习完整程序设计的思路及需要注意的一些问题。

本书不仅适合教学，也非常适合用ASP开发应用程序的用户学习和参考。阅读本书，并结合拓展训练、上机实训进行练习，用思考与练习检验基础知识的掌握程度，读者可以在较短的时间内基本掌握ASP及其应用技术。

本书由唐建平主编，唐汝育、郄海英、陈建军参与了部分编写工作，最后由唐建平对全书进行统稿。袁胜昔、周小杰、刘建平、白月玲、戴音、盛双艳、杜宵红等对本书的编写提供了大力帮助，在此表示感谢！

本书为教师配有教学课件，并提供所有实例的源程序，需要者可登录华章网站（http：//www.hzbook.com）免费下载。

由于编写时间较紧，不当之处在所难免，恳请读者批评指正。

编者

2010.12

教 学 建 议

	教 学 内 容	建 议 学 时
第1章	1.1 认识动态网页 1.2 ASP服务器的安装与配置	2
	1.3 初识ASP程序	2
第2章	2.1 HTML标记的认识与使用 2.2 段落和文字标记	2
	2.3 建立超链接 2.4 嵌入图片	2
	2.5 列表标记 2.6 表格	2
	2.7 框架 2.8 自动刷新页面	2
	2.9 插入多媒体 2.10 层叠样式表CSS	2
第3章	3.1 VBScript语言的基本元素	2
	3.2 VBScript函数	2
第4章	4.1 VBScript的选择结构	2
	4.2 VBScript的循环结构	2
	4.3 VBScript过程	2
第5章	5.1 Response对象及使用	2
	5.2 Server对象及应用	2
	5.3 Response对象简介及Form的使用	2
	5.4 使用Querystring方法	2
	5.5 使用Cookies方法	2
第6章	6.1 Session对象及使用	2
	6.2 Application对象及使用	2
第7章	7.1 广告轮显组件	2
	7.2 内容轮显组件	2
	7.3 文件超链接组件	2
	7.4 网页计数器组件	2
第8章	8.1 数据库的基础知识 8.2 ADO的概念	2
	8.3 访问数据库	2

	教 学 内 容	建 议 学 时
第9章	9.1 书店BBS论坛设计 9.2 书店BBS论坛的实现	2
第10章	10.1 系统概述 10.2 系统设计	2
	10.3 数据库的生成与连接	2
	10.4.1 界面头、尾设计	2
	10.4.2 界面栏目菜单的设计	2
	10.4.3 主页栏目内信息显示的设计	2
	10.4.4 新闻搜索功能的设计	2
	10.4.5 图片新闻显示的设计	2
	课程设计	2
	课程总结	2

说明：70学时建议：每周4课时，按一学期18周计算。

目　录

第1章 ASP的基础知识

学习要点：

- 静态网页和动态网页的概念
- IIS的安装与配置
- ASP页面的创建及工作原理
- ASP页面的调试和运行

本章任务：

能够熟练地安装与配置IIS，并掌握ASP页面的调试和运行，能够根据页面提示解决简单的站点配置问题，学会使用编辑器EditPlus。

ASP全称为Active Server Pages，其中文名为"动态网页"，是微软公司推出的用以取代CGI（Common Gateway Interface，通用网关接口）的动态服务器网页技术。ASP功能强大，使用广泛，简便易学，有很多大型的站点都是用ASP开发的。

1.1 认识动态网页

目前，网页设计语言主要有ASP、PHP和JSP。总的来说，ASP、PHP 和JSP基本上都是把脚本语言嵌入HTML文档中。它们最主要的特点分别是：ASP学习简单，使用方便；PHP最初只是作为一个个人工具，没有大公司的支持，运行环境安装相对较复杂；JSP具有多平台支持，转换方便，但采用Java技术，不易学习，且开发运行环境较复杂。所以，本书主要介绍好学易用的ASP程序设计语言。

在ASP程序中常用的脚本语言有VBScript和JavaScript等。VBScript是ASP默认的脚本语言，通过在HTML网页中加入VBScript脚本，可以使静态HTML网页成为动态网页。

VBScript脚本语言来源于VB语言，是VB的较低级版本。但是它却继承了VB语言学习简单、功能强大的特点，更适合于初学者学习。本书将主要介绍VBScript脚本语言。

一般ASP程序中的VBScript脚本语言都是放在服务器端执行的。当客户端使用浏览器浏览ASP文件时，会通过服务器端进行解释操作，将执行结果输出成HTML文件返回到客户端。因此，无论我们使用何种浏览器（如Internet Explorer、Netscape Communicator等），都不会有浏览器不支持语法的情况发生，即VBScript不受浏览器的限制。

1.1.1 静态网页和动态网页的概念

1. 静态网页

使用Frontpage或Dreamweaver所设计出的具有.htm或.html扩展名的网页是静态网页，它们实际上是使用HTML标记语言编写的。静态网页运行于客户端的浏览器上。

我们称静态网页的形式为"前台"制作，大家通过浏览器就能看到网页内容，虽然前台美观漂亮，却没有动态交互性。静态网页无法读取后台数据库，不能利用代码动态改变网页的显示内容，只能固定显示事先设计好的页面内容，在网站制作和维护方面工作量较大，因此，当网站信息量很大时，完全依靠静态网页制作方式就非常困难了。

静态网页的工作原理如下：当你在浏览器里输入一个网址并回车后，就向服务器提出了一个浏览网页的请求。服务器端接到请求后，就会找到你要浏览的静态网页文件，然后发送给你。其示意图如图1-1所示。

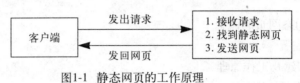

图1-1 静态网页的工作原理

2. 动态网页

ASP网页是在静态网页的基础上，通过嵌入和使用ASP对象（ASP对象+VBScript）而形成的网页，它属于动态网页。通过内建的ADO对象，可实现对后台数据库的读写，并能利用数据库中的数据，动态生成客户端显示的页面。动态网页运行于服务器端。

后台制作也称为动态网页制作。如果说"前台"是网站的形象，那么"后台"就是网站的灵魂。后台设计是网站制作的主要内容，一个大型网站都会有功能强大、程序复杂的后台程序。

动态网页的工作原理与静态网页有很大的不同。

当你在浏览器里输入一个动态网页网址并回车后，就向服务器端提出了一个浏览网页的请求。服务器端接到请求后，首先会找到你要浏览的动态网页文件，然后执行网页文件中的程序代码，将含有程序代码的动态网页转化为标准的静态网页，然后将静态网页发送给你。其示意图如图1-2所示。

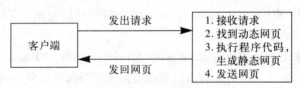

图1-2 动态网页的工作原理

1.1.2 ASP在网页中的作用

ASP在网页中能起到什么作用呢？我们先通过下面的两个实例进行简单的介绍。

例1-1：使用简单的ASP程序及ASP的内置对象完成表单中的取值操作，在浏览器中的显示效果如图1-3和图1-4所示。

分析结果如下：

1）图1-3中的表（网页），其实是一个完整的静态网页，是由HTML脚本语言完成的。填写完相关信息后，只要点击"提交"按钮，就会跳转到图1-4所示的页面。在这个页面中利用ASP的内置对象来提取图1-3中填写的信息。如果没有ASP的支持，HTML语言不能提取用户输入的信息。在上面的实例中，ASP程序实现了动态网页的功能。

2）申请邮箱、网上购物、网上订票等许多操作，在填写完网页要求提供的信息后，一般是使用动态网页功能实现提交的。

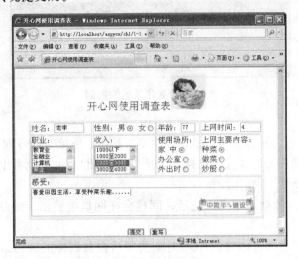

图1-3　开心网使用调查表网页

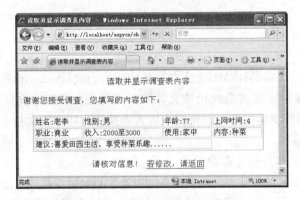

图1-4　读取并显示调查表内容网页

例1-2：利用ASP与数据库的连接完成表单内容提取的操作，如图1-5和图1-6所示。

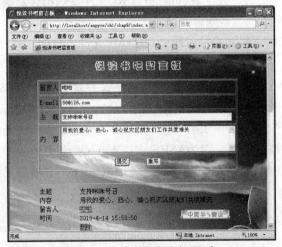

图1-5　悦读书吧留言板网页

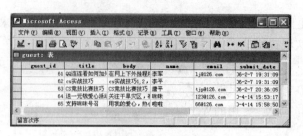

图1-6 数据库显示的数据

分析结果如下：

1）在图1-5中填写好各项信息后，点击"提交"按钮，所填写内容则在表单下面显示出来。这部分内容是通过数据库和ASP代码连接来完成的。从图1-6也可以看出在数据库中自动增加了主题为"支持咪咪号召"的记录。

2）当然，也可以从数据库中增加记录，同样会在网页中显示，充分实现网页和数据库之间动态操作的过程。

综上可知，动态网页通过内建的ADO对象实现后台数据库的读写，并能利用数据库中的数据动态生成客户端显示的页面。

1.1.3 ASP的特点

1. 主要优点

1）ASP文件就是在普通的HTML文件中嵌入VBScript或JavaScript脚本语言而形成的。当客户请求一个ASP文件时，服务器就把该文件解释成标准的HTML文件发送给客户。所以说ASP是位于服务器端的脚本运行环境。将脚本语言直接嵌入HTML文档中，不需要编译和连接就可直接运行。

2）利用ADO组件技术直接存取数据库。

3）ASP可以采用面向对象编程，可扩展ActiveX Server组件功能，也可以使用第三方组件或读者自己开发的ActiveX Server组件。从理论上说，可以实现任何功能。

4）不存在浏览器兼容问题，由于ASP程序是在服务器端运行的，当客户端浏览ASP网页时，服务器将重新解释该网页，并生成标准的HTML文件发送给客户端浏览器。由于送出的是HTML文件，所以不会存在浏览器兼容问题。

5）可以隐藏程序代码，在客户端仅能看到HTML文件，从而起到一定的保密作用。

2. 主要不足

1）运行速度比HTML程序要慢，这是因为每个客户端打开一个ASP网页时，服务器都要重新读一遍，并加以编译执行，最后送出标准的HTML文件给客户端，因而影响了运行速度。随着服务器硬件技术的不断更新和网络速度的提高，速度已经不再成为问题。

2）ASP程序的可移植性稍差，因为ASP只支持Windows系列的操作系统。

微软目前推出了ASP的升级版本ASP.NET，与ASP相比，它增加了许多特性，功能也更为强大，且运行环境简单。

1.2 ASP服务器的安装与配置

1.2.1 ASP的运行环境

ASP是在服务器端运行的，因此，要想学习ASP，就必须学会如何搭建ASP的运行环境。

根据操作系统不同，ASP使用的Web服务器软件也有所不同，服务器端脚本要求的运行环境如表1-1所示。

表1-1　Web服务器软件

操 作 系 统	Web服务器软件
Windows 95/98/Me	PWS 4.0
Windows NT Workstation	PWS 4.0（For NT4.0 Workstation）
Windows NT Server	IIS 4.0（Internet 信息服务器4.0）
Windows 2000/XP	IIS 5.0/5.1（支持最新的ASP 3.0）

目前只有很少的计算机用户使用Windows 98操作系统，更多的则使用Windows 2000或Windows XP操作系统。下面我们以在Windows 2000/XP上安装IIS5.0为例，详细介绍ASP的Web服务器的安装与配置。

客户端只要安装普通的浏览器即可，如Internet Explorer等。

1.2.2 IIS 5.0服务器的安装和配置

IIS是Internet Information Server的缩写，即Internet信息服务器。它是一种Web服务器，主要包括WWW服务器、FTP服务器和SMTP服务器等。IIS可运行于Windows 2000、Windows 2003或Windows XP平台。下面我们通过在Windows 2000/2003/XP系统中安装IIS的实例，学习安装与配置IIS服务器的方法。

例1-3：在Windows 2000/2003/XP系统中安装和测试IIS。

操作步骤如下：

（1）安装IIS

1）依次执行"开始→设置→控制面板→添加/删除程序"命令，打开"添加/删除程序"对话框。

2）在"添加/删除程序"对话框中选择"添加/删除Windows组件"按钮，弹出如图1-7所示的"Windows组件向导"对话框。在其中选择"Internet 信息服务（IIS）"，然后单击"下一步"按钮，组件向导即开始安装所选组件。

3）在安装向导的最后一页单击"完成"按钮，完成组件安装。安装完毕后，如果能显示IIS欢迎字样，则说明已经安装成功。

（2）Interrnet信息服务器

依次打开"控制面板→管理工具→Internet服务管理器"，然后双击Internet服务管理器，打开如图1-8所示的"Internet信息服务"窗口。

（3）设置虚拟目录

1）默认站点的虚拟目录：安装完IIS之后，系统自动生成如图1-8所示的窗口，其左侧为"默认Web站点"，目录为"C:/inetpub/wwwroot"。该文件夹是默认的WWW主目录。此时就可以将制作的ASP程序放在该文件夹或该文件夹的子文件夹中，通过IE来实现访问的功能。

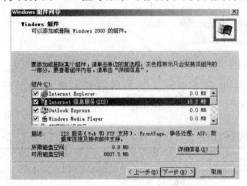

图1-7 Windows组件向导对话框

图1-8 Internet信息服务窗口

2）添加虚拟目录：为了使用方便，还可以添加虚拟目录。在图1-8所示的窗口中选中"默认Web站点"后，单击鼠标右键，在快捷菜单中选择"新建虚拟目录"命令，然后按照提示执行，添加"aspycx"，如图1-9所示，单击"下一步"按钮，进入创建向导之2，如图1-10所示，选择需要指定的目录（本例用的是"D:\ASP二版\ASPYCX2"），单击"下一步"按钮，在如图1-11所示的虚拟目录创建向导之3中选择"运行脚本"，最后点击"完成"按钮即可。

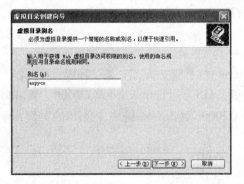

图1-9 虚拟目录创建向导之1

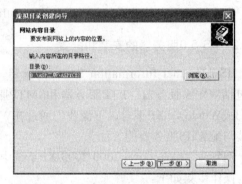

图1-10 虚拟目录创建向导之2

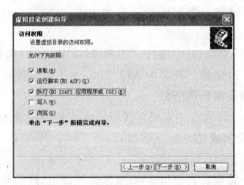

图1-11 虚拟目录创建向导之3

提示：别名可以取任何名字，不一定要和实际文件夹名称一样。但是作为初学者，最好让虚拟目录别名和文件夹名称一致，以免混淆。

（4）测试IIS

关闭"Internet信息服务"窗口后，接下来就可以设置虚拟目录，激活浏览器。在地址栏中输入系统默认的计算机名称（http://localhost）或系统默认的IP地址http://127.0.0.1来访问主机Web站点时，浏览器将打开如图1-12和图1-13所示的界面。

 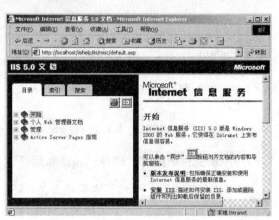

图1-12　默认的网页之1　　　　　　　　　　　图1-13　默认的网页之2

（5）设置默认文档

在图1-8所示的窗口中，在新添加的虚拟目录ASP上单击鼠标右键，在弹出的快捷菜单中选择"属性"命令，就会弹出如图1-14所示的"ASPYCX属性"对话框。在其中添加index.asp、index.htm等默认文档后单击"确定"按钮即可。

图1-14　ASP属性窗口

1.3　初识ASP程序

1.3.1　ASP的文件结构

ASP程序可以使用任意文字编辑器来编写（下一节会讲到）。如使用Windows中自带的记事本来编写ASP程序。ASP文件的内容由HTML标记语言、ASP语句命令和文本三部分构成。

1）只要有浏览器的支持，就可以看到用HTML标记语言设计的页面的显示效果。如例1.4中的<html>、</html><title>、<body text=orange>、<hr width=50%>等都是HTML标记。

2）ASP文件语句命令是运行在服务器上的一些指令，须通过服务器解释执行才能在网页上显示出来。如：

```
<%
t1="天使恭候您,您来的日期是"
t2=now()
Response.Write   t1         '输出结果
Response.Write   t2         '输出结果
%>
```

3）文本（即ASCII文本）是直接显示给用户的信息。

1.3.2 ASP文件的编写、保存、调试和运行

接下来我们通过一个实例来简单介绍ASP文件的编写、保存、调试和运行方法。

例1-4：编写并运行一个简单的ASP程序，该程序的功能是显示当前日期和时间。

操作步骤如下：

1）启动文字编辑器：启动Windows自带的"记事本"应用程序；

2）输入程序：在"记事本"窗口按下面格式输入ASP程序。

```
<html>
<head>
    <title>ASP的第一个简单实例</title>
</head>
<body  >
<%
t1="天使恭候您,您来的日期是"          '将这串字符赋值给t1
t2=now()                            '将当前时间赋值给t2
Response.Write   t1                 '输出t1的值
Response.Write   t2                 '输出t2的值
%>
<img src="..\pic\angel.gif">
</body>
</html>
```

提示：Response.Write语句表示在页面上输出内容，该语句的作用将在第6章中详细讲解。单引号（"'"）后表示的是注释语句，用于给用户提示信息。

3）保存ASP文件：选择"文件"下拉菜单中的"保存"菜单命令，弹出如图1-15所示的"另存为"对话框，将该文件命名为1-3.asp，保存在"D:\ASP二版\ASPYCX2/ch1"（本书所有源程序都放在"D:\ASP二版\ASPYCX2"目录下，以后不再说明）文件夹中，然后单击"保存"按钮。

4）浏览ASP文件：打开浏览器，在地址栏中输入http://127.0.0.1/aspycx/ch1/1-3.asp或http://localhost/aspycx/ch1/1-3.asp并按回车键后，即可运行该程序，运行结果如图1-16所示。

图1-15　保存文件对话框

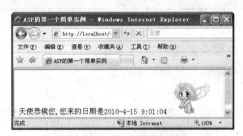

图1-16　ASP的第一个简单实例

5）查看源代码：在如图1-16所示的窗口中单击鼠标右键，在弹出的快捷菜单中选择"查看源文件"命令或选择"查看→源文件"命令，屏幕上显示如图1-17所示的源代码。通过图1-17中的源代码可以看出，发送到客户端的文件是经过解释执行的文件，将它和例1-4比较，可以看出程序代码已经转化为标准的HTML标记。这样别人就无法查看或复制我们的ASP程序代码，从而保证了程序的安全性。

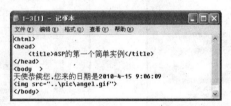

图1-17　在客户端显示的源代码

1.4　网站开发工具EditPlus

在上面的程序案例中使用了记事本来编辑网页，在一些规模比较小、内容不太复杂的网页中使用这种方法是可行的，但是对于大型、内容复杂的网页，再使用记事本来进行ASP开发就显得效率太低。

EditPlus是一款功能强大的文本处理软件。它不仅具有记事本的全部功能，而且对所编辑的HTML、ASP、C/C++、Perl、Java、JavaScript、VBScript 等多种语法着色显示，可进行无限制撤销与恢复操作、英文拼写检查、自动换行、列数标记、搜寻取代、高亮显示语法区。此外，还可以在EditPlus的工作区域中打开Intelnet Explorer浏览器查看文件预览情况。

要使用EditPlus文本编辑器，首先安装EditPlus程序软件（由于安装很简单，这里不再讲述）。

安装后打开EditPlus软件，如图1-18所示。

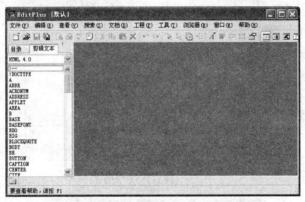

图1-18 EditPlus工作区

为了使用方便，下面来简单设置EditPlus文本编辑器。

例1-5：使用EditPlus文本编辑器时的基本设置。

操作步骤如下：

1）在图1-18中，执行"工具→参数"命令后打开"参数"对话框，在"常规"项目里按如图1-19所示设置，设置完后单击"应用"图标按钮保存设置。

在"参数"对话框中选中"在Internet Explorer中使用EditPlus查看源文件"复选框，以后在浏览器中查看网页源代码时就会自动调用EditPlus。

2）在图1-19所示的"类别"树形图中选择"文件"参数后，对话框如图1-20所示，取消选择"保存文件时创建备份"。

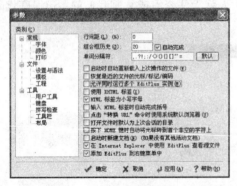

图1-19 参数对话框之1

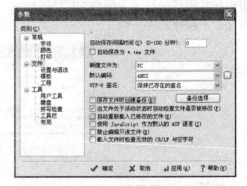

图1-20 参数对话框之2

3）由于EditPlus支持插件功能，下面我们选择"文件"项目下的"设置与语法"项如图1-21所示，添加ASP语法（可从网上下载ASP语法压缩包）。

在图1-21中点击"添加"按钮后，在"描述"文本框中输入"asp"，在"扩展名"文本框中输入"asp"，给出"语法文件"和"自动完成"文件所在位置（在安装压缩包中找），如图1-22所示。

添加好ASP语法后，点击"参数"对话框中的"应用"按钮即可使用。

4）添加一个ASP的初始模板，模板建好后只要新建一个ASP文件，系统就会自动加上模板中预设的内容。

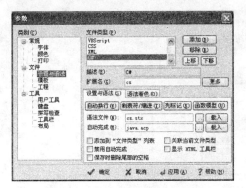
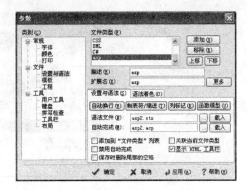

图1-21　参数对话框之3   图1-22　参数对话框之4

　　下面我们选择"文件"项目下的"模板"项，打开如图1-23所示的对话框。

　　在图1-23中点击"添加"按钮，打开如图1-24所示的"选择文件"对话框。选择ASP模板文件template.asp后点击"打开"按钮，回到如图1-25所示的"参数"对话框。

　　将"菜单文本"文本框中的"新建模板"修改为"asp"，点击"应用"按钮后，对话框如图1-26所示。

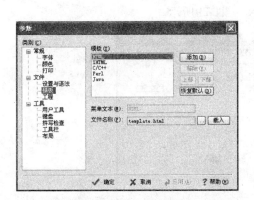
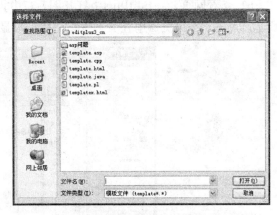

图1-23　参数对话框之5   图1-24　选择文件对话框

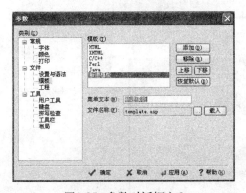
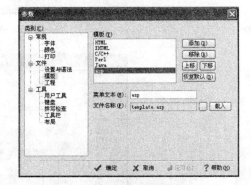

图1-25　参数对话框之6   图1-26　参数对话框之7

　　通过上面的操作我们完成了ASP模板的添加。

　　5）配置Web服务器目录。选择"工具"项目后，添加Web服务器根目录，点击"添加"按钮后，弹出"Web服务器根目录"对话框，如图1-27所示。

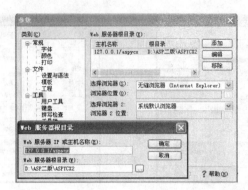

图1-27 参数对话框之8

设置好后点击"确定"按钮，回到"参数"对话框，再次点击"确定"按钮就可以直接在EditPlus中使用"在浏览器中查看"按钮访问ASP程序了。

提示：在图1-27中，"Web服务器IP或主机名称"是主机地址与虚拟目录的名称，"Web服务器根目录"与1.2节中设置的服务器虚拟目录指向的根目录一致。

6）查看网页。在EditPlus中打开图1-27中指定的根目录下ch1内的1-5.asp文件，如图1-28所示。点击"在浏览器中查看"按钮，则窗口显示如图1-29所示。

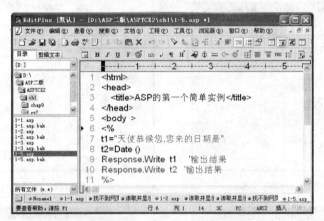

图1-28 EditPlus窗口

图1-29 在EditPlus窗口中浏览网页

通过上面的实例，读者可以真正体会到EditPlus编辑器与IE、IIS的完美结合，即在当前编辑状态就可直接查看网页，既便于使用者修改又便于访问。

例1-6：使用EditPlus编辑器创建显示当前时间的ASP文件。

操作步骤如下：

1）打开EditPlus编辑器。

2）执行"文件→新建→asp"命令（例1-5中建立ASP模板的功能），如图1-30所示。

图1-30　在EditPlus窗口新建ASP文件

3）在新建的ASP文件中输入如图1-31所示的语句。

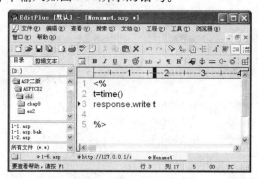

图1-31　新建的ASP文件

4）执行"文件"菜单下的"另存为"命令，将文件以1-6.asp保存至已建好的目录下（本书是"D:\ASP二版\ASPYCX2"目录下）。

5）点击"在浏览器中查看"按钮，则窗口显示如图1-32所示。

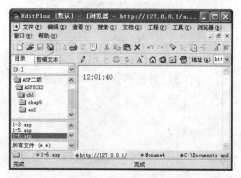

图1-32　浏览ASP文件

与使用记事本的例1-4比起来，例1-6充分展示出EditPlus编辑器的强大功能。

上机实训1　ASP的配置及ASP 页面的调试和运行

目的与要求：

练习并掌握ASP的Web服务器的安装与配置，练习EditPlus编辑器的使用及ASP程序的输入、编辑、调试和运行。

上机内容：

1）请为个人计算机安装与配置IIS服务器（可参照例1-3）。

2）请为个人计算机安装EditPlus编辑器，并进行Web服务器的配置。

3）使用EditPlus编辑器编写如下ASP程序，将文件命名为lx1-1.asp。然后在EditPlus编辑器中测试并查看网页。

程序代码如下：

```
<html>
<head>
<title>月份季节转换</title>
</head>
<script language="vbscript">
cj=inputbox ( "请输入月份", "月份输入框")
select case int(cj)
case  2,3,4
msgbox "现在是:" & "春季" ,,"季节输出框"
case 5,6,7
msgbox  "现在是:" & "夏季" ,,"季节输出框"
case 8,9,10
msgbox "现在是:" & "秋季" ,,"季节输出框"
case else
msgbox "现在是:" & "冬季" ,,"季节输出框"
end select
</script>
<body>
</html>
```

在浏览器中的显示效果如图1-33所示。

图1-33　月份季节转换网页效果

思考与练习

一、填空题

1.动态网页是指_____。

2. 静态网页文件的扩展名是_____。

3. 在ASP中，以_____和_____标记括起来的部分是ASP中动态执行的代码。

4. 在Windows 2000/XP中，ASP服务器端操作环境的软件主要是_____。

5. URL地址http://localhost的含义是_____。

6. ASP代码中以半角单引号（'）开头的行表示_____。

二、简答题

1. 网页主要分为哪两类？这两类网页在工作原理上的主要区别是什么？

2. ASP实现动态网页有哪些优缺点？

三、上机题

1. 请为自己的计算机进行ASP的Web服务器的安装与配置。

2. 在自己的计算机上输入、保存并运行例1-6中的ASP程序。

3. 参考例1-6编写一个简单ASP程序，运行后验证是否正确。

第2章 ASP框架语言——HTML

学习要点：

- HTML文件的基本结构
- HTML标记的概念
- 各种HTML标记的使用
- 层选样式表CSS的使用

本章任务：

能够熟练掌握HTML语言的各种标记及属性，并能灵活运用。

ASP是一个服务器端的脚本编程环境，ASP文件由HTML标记、ASP语句命令及文本三部分组成。HTML（Hyper Text Markup Language，超文本标记语言）是ASP的基础框架语言，它用HTML元素来标注文本或图形的属性。使用FrontPage制作网页，文件里最后存放的其实也是HTML语言。

2.1 HTML标记的认识与使用

2.1.1 制作"喜上眉梢"网页

例2-1： 用HTML语言编写如图2-1所示的"喜上眉梢"网页。

图2-1 喜上眉梢（HTML标记）网页效果图

操作步骤如下：

1) 打开EditPlus编辑器。

2) 在编辑器中输入代码。

```
<html>                                    'HTML文件的起始标记
<head>                                    '文件头起始标记
<title>喜上眉梢</title>                    '文件标题标记
</head>                                    '文件头结束标记
<body>                                     '主体开始标记
<img src="../pic/bird.gif " align=left>    '插入图像标记
```

```
<font   color=red   size=5>恭祝您喜事多多!        '字体起始标记
</font>                                          '字体结束标记
</body>                                          '主体结束标记
</html>                                          'HTML文件的结束标记
```

3）将文件用2-1.htm保存。

4）在浏览器中的运行效果如图2-1所示。

2.1.2 知识讲解——认识并使用HTML标记

1. HTML标记及文件结构

HTML文件结构很简单，由头部和身（主）体两部分组成，结构清晰严谨，其结构如下：

```
<html>
<head>
<title>标题</title>        '标题标记
头部内容
</head>                    '头部标记
<body >                   '身(主)体标记
身体部分
</body>
</html>
```

说明：

由HTML文件结构及例2-1可以看出：

• <、>、/等称为标识符。每个标记用"<（小于号）"和">（大于号）"围住，如<html>、<title>和<p>，表示这是HTML的代码而非普通文本，即<标记>...</标记>。前面一个表示元素开始起作用，后面一个表示这种元素的作用结束。

• 有些标记是单个的，如例2-1中的
<!--->。

• 语句写法不分大小写，可以混写，如例2-1中的<BODY>、</body>。

• 从例2-1中的<img src="../pic/man.jpg" align=right>，<font   color=white   size=12>可以看出，有些标记后加上相关的属性来控制显示的文本或图片信息。

注意：

• 并不是所有的标记都有属性，如后面要讲到的
标记就没有属性。

• 根据需要使用标记的属性，它们之间没有顺序。多个属性之间用空格隔开。

• 属性和标记一样，不区分大小写。

2. <body>标记的属性

<body>标记定义网页的主体，即正文部分。可用于<body>的属性很多，如例2-1中设定网页的背景图像、文字颜色等，其中常见的属性如表2-1所示。在后面的内容中会具体讲到这些属性的用法。

说明：

表2-1中有颜色属性，取值可以用英文颜色名，也可用"#"和一个十六进制数来表示，表2-2列出了一些常用的颜色。

表2-1　<BODY>标记的属性

值	说　　明
bgcolor	设置网页的背景颜色
background	设置网页的背景图像
Text	设置文本的颜色
Link	设置未被访问的超文本链接的颜色，默认为蓝色
Vlink	设置已被访问的超文本链接的颜色，默认为蓝色
Alink	设置超文本链接在被访问瞬间的颜色，默认为蓝色

表2-2　颜色代码表

名　　称	颜　　色	六进制代码	名　　称	颜　　色	十六进制代码
black	黑	#000000	brown	棕	#A52A2A
white	白	#FFFFFF	gray	灰	#808080
gray	灰	#808080	orange	橘黄	#FFA500
yellow	黄	#FFFF00	pink	粉红	#FFC0CB
fuchsia	紫红	#ff00ff	olive	橄榄	#8080000
red	红	#FF0000	crimson	深红	#CD061F
green	绿	#008000	Blue	蓝	#0000FF

2.1.3　拓展训练——制作漂亮MM网页

例2-2：参考例2-1中的代码文件，编写图2-2漂亮MM网页的代码。用文件名2-2.htm保存，调试运行。

图2-2　漂亮MM（BODY标记的属性）网页效果图

操作要点提示：

1）设置body标记的背景色属性为bgcolor=pink，字体颜色属性为text=blue。

2）插入图像文件，使用<img src="../pic/f.gif">完成。

3）保存网页。

4）在浏览器中运行，效果如图2-2所示。

注意：

本书所有实例源程序均保存在aspycx下的相应章节的文件夹中。请注意预览文件的地址。下面各章节中的实例不再进行提示。

2.2　段落和文字标记

文档是网页的核心内容，设置文档格式的标记包括标题和文字的字体、字号、字形、颜色、段落格式以及文本布局等。

2.2.1 制作"2010年的十大游戏"网页

例2-3：用HTML语言编写如图2-3的"2010年的十大游戏"网页。

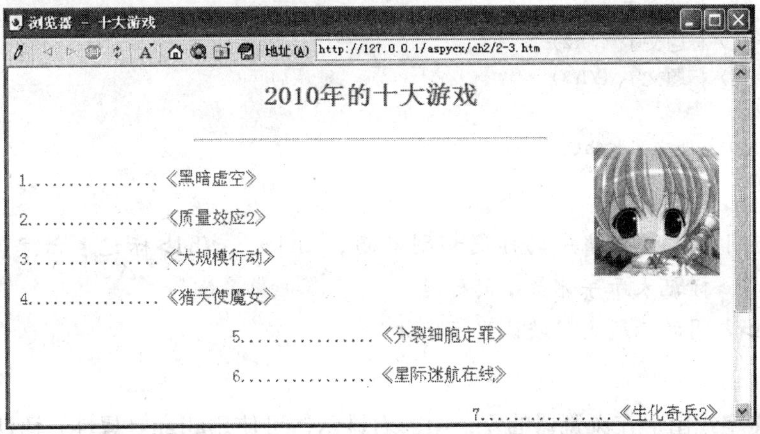

图2-3 2010年十大游戏（段落和文字标记）网页效果图

操作步骤如下：

1）打开EditPlus编辑器。

2）在编辑器中输入如下代码。

```
<html>
<head>
<title> 十大游戏</title>
</head>
<body   text=green>
<h1 align="center">2010年的十大游戏</h1>
<hr align="center" width="50%" size="3">
<img src="../pic/01.gif"   align="right">
<p align="left">1...............《黑暗虚空》</p>
<p align="left">2...............《质量效应2》</p>
<p align="left">3...............《大规模行动》</p>
<p align="left">4...............《猎天使魔女》</p>
<p align="center">5...............《分裂细胞定罪》</p>
<p align="center">6...............《生化奇兵2》</p>
<p align="right">7...............《星际迷航在线》</p>
<p align="right">8...............《但丁的地狱》</p>
<p align="right">9...............《英雄不在2：负隅顽抗》</p>
<p align="right">10...............《失落失球2》</p>
</body>
</html>
</html>
```

3）用2-3.htm保存文件。

4）在浏览器中的运行效果如图2-3所示。

2.2.2 知识讲解——段落和文字标记

1. 标题字体大小标记

语法格式如下：

〈h1　属性=值〉标题文字〈/h1〉
〈h2　属性=值〉标题文字〈/h2〉
〈h3　属性=值〉标题文字〈/h3〉
...
〈h6　属性=值〉标题文字〈/h6〉

说明：

- 标题标记用于设置文档中的标题和副标题，<h1>...</h1>标记表示字体最大的标题，<h6>...</h6>标记表示字体最小的标题。
- <h>...</h>之间的标题文字默认显示宋体字。

2. 对齐的控制

如果要使文字或图形在浏览器的左、中、右显示，可使用align（属性）语法。

语法：

align=对齐方式

说明：

属性align用来设定标题文字在页面中的对齐方式，共有三种：align=left表示置左对齐，align=center表示居中，align=right表示置右对齐。

3. 文本文件标记

为了体现网页页面的不同风格，常常将文字设置为不同大小、字体、颜色、字形等。

语法：

<font size=数字　face=字体名　color=颜色>被设置的文字</font>

说明：

- size属性值从1~7表示文字的大小，取1时文字最小，取7时文字最大。
- face属性用来设置字体，如宋体、楷体、隶书、华文彩云、方正姚体等。
- color属性用来设置字体颜色，颜色取值见表2-2。

4. 段落与换行

为了版面美观、段落分明，可以使用段落与换行。但在HTML文档中回车、空格、"Tab"键都不能来调整文档的段落格式，所以要用HTML的标记来强制换行和分段。

（1）段落标记

语法：<p>

说明：

段落标记<p>的属性align用来设置段落的对齐方式，用法同< h >一样。

（2）换行标记

语法：文字

说明：

放在一行的末尾，可以使后面的任何文字、图片、表格等显示于下一行。

5. 水平线

为了区分不同的区域，除了段落和换行标记外，还可以在页面中插入一条水平标尺线（Horizontal Rule）。

语法：

<hr align=对齐方式 size=横线粗细 width=横线长度 color=横线颜色 noshade>

1）水平线的粗细：

size=n

单位：像素

2）水平线的长度：

width=n%

单位：像素、百分比

3）水平线对齐方式：

align=left/center/right

4）线条颜色：

color="颜色"

5）水平线不显示3d阴影：

noshade

6. 特殊引述文件区标记

特殊引述文件区标记可使HTML文档中的整段文字向右移一些，自成一个段落。

语法：<blockquote></blockquote>

说明：

在<blockquote>…</blockquote>之间的段落，在浏览器中显示结果文字自动向右缩进排列，并形成新的段。如果连续使用两次，则会有两倍编排效果。

7. 特殊符号

在HTML文档中是根据"<"与">"来识别标记的，那么在网页中，如果需要显示"<"或">"，就要作为特殊字符对待。还有一些常用的特殊字符如表2-3所示。

表2-3 特殊替换字符

特 殊 字 符	所替代的字符	说　　明
&		用作特殊字符的开始
;		用作特殊字符的结束
Nbsp		空格（经常使用）
Gt	>	大于号
Lt	<	小于号

2.2.3　拓展训练——制作"世博场馆简介"网页

例2-4：参考例2-3中的代码文件，编写如图2-4的"世博场馆简介"网页代码。用文件名2-4.htm保存，调试运行该网页。

图2-4　世博场馆简介（段落对齐）网页效果图

操作要点提示：

1）标题"世博场馆简介"使用标题标记<h2 align=center>，且设置为居中显示。

2）使用水平线标记<hr color=orange >设置水平线颜色为橘红色。

3）使用插入图像标记<img src="../pic/kh1.jpg" align="right">插入一幅图。

4）列支敦士登馆所在段落文字使用字体标记<font face="隶书" size=4 color=green >将字设为隶书，大小为4号，颜色为绿色。

5）世博马耳他馆后使用
换行标记换行；使用特殊引述文件区标记<blockquote>使整段文字右移。

6）以2-4.htm为文件名保存网页。

7）在浏览器中的运行效果如图2-4所示。

例2-5：请写出如图2-5所示网页效果的代码。并用文件名2-5.htm保存。

图2-5　文字属性的设置

操作要点提示：

1）使用<img src="../pic/earth1.gif" width=150 height=150 align="left">标记及属性插入一幅图。

2）"保护环境，热爱家园"设置字体属性为华文彩云、6号、绿色。代码为<font size=6 face=华文彩云 color=green >保护环境，热爱家园</font>
；加
标记的作用可以从效果图看出，第二行低碳生活换行输出。（以下各个名称请参照此句书写。）

3）"低碳生活"设置字体属性为5号、楷体、白色。

4）"健康乐观"设置字体属性为6号、方正姚体、橘红色。

5）保存网页并预览效果图如2-5所示。

2.3　建立超链接

在网页浏览器中常见到许多不同于文本颜色（比如蓝色）且带下划线的文本，这些就是超文本。超文本是包含超链接的字符串。

超链接（hyperlink，通常也称为链接）是在World Wide Web中，从一个页面指向另一个页面，包括当前页的某个位置、Internet或本地硬盘或局域网上其他文件或其他类型文件（声音、图片、多媒体等）的链接。

2.3.1　制作"流行街舞"网页

例2-6：用HTML语言编写如图2-6及图2-7的"流行街舞"网页。

图2-6　流行街舞（网页内链接）网页效果图1

从图2-6中可以看出，该网页中街舞概述、类别、文化均已设置了超链接。单击超链接时，则跳转到页面相对应的位置。如点击街舞类别后，则跳转到如图2-7所示的页面。

图2-7　流行街舞（网页内链接）网页效果图2

操作步骤如下：

1）打开EditPlus编辑器。

2）在编辑器中书写如下代码：

```
<html>
<head>
<title>流行街舞</title>
</head>
<body>
<!  给链接文本流行街舞起记号名为TAB>
<h2><a name="tab"><a href="/2-7.htm"><img  src=../pic/7.gif></a></a></h2> '定义
记号名及链接文件
<ul>
    <li><a href="#i1">街舞概述</a>                      '通过记号名链接
    <li><a href="#i2">街舞类别</a>
    <li><a href="#i3">街舞文化</a>
</ul>
<hr>
<h3><a name="i1">街舞概述</a></h3>
<font face=隶书   color=blue >街舞是一种民间舞蹈，兴起于20世纪...</font>
<p>
<a href="#tab">回到主目录</a>
<hr>
<h3><a name="i2">街舞类别</a></h3>
Hip-Hop舞蹈类别
<img src=../pic/9.gif><img src=../pic/11.gif><img src=../pic/10.gif>
<font   face=隶书   color=maroon >TOPROCK就是在你做地板动...SIX STEPS</font>
<p>
<!  将文本"回到主目录"超链接到上边记号名为"TAB"的"流行街舞"处>
<a href="#tab">回到主目录</a>
<hr>
<h3><a name="i3">街舞文化<img src=../pic/8.gif></a></h3>
<FONT face=隶书   color=teal >Hip-Hop意为"摇摆的屁股"，源自美国黑人社... </font>
<p>
<a href="#tab">回到主目录</a>
</body>
</html>
```

3）保存并预览网页效果图如2-6和图2-7所示。

例2-7：用HTML语言编写Hip-hop欣赏网页（本例通过"返回上页"链接到图2-6中"流行舞"，第一幅图则链接到Hip-hop网站）。

操作步骤如下：

1）打开EditPlus编辑器。

2）在编辑器中书写如下代码：

```
<html>
<head>
<title>Hip-hop欣赏</title>
```

```
</head>
<body>
<h1  align=center><font  face=方正姚体 color=maroon >*^_^*Hip-hop欣赏</h1></font>
<hr>
<a href="http://www.hip-hop.com"  title=hip-hop网站>                'title属性是用于定义指向超
链接时所显示的标题文字
<img src="../pic/6.gif" width="110" height="100"></a>              '页面外的链接
<img src="../pic/4.gif" width="160" height="120">
<a href="2-6.htm">返回上页</a>
</body>
</html>
```

3）保存并预览网页效果如图2-8所示。

图2-8　Hip-hop欣赏（网页间链接）网页效果图

2.3.2　知识讲解——建立超链接

1.文件内的链接

创建指向本页中的链接是指在当前页面内实现超链接，这需要定义两个标记：一个为超链接标记，另一个为书签标记。

超链接标记的语法：

```
<a href="#记号名">超级链接名称</a>
```

说明：

- href：<A>标记最常见的属性，用于指明超链接所指向的URL。
- target：用于指定在哪个窗口打开超链接所指向的网页。常见的有四个属性值：
- _top：指在当前的浏览器窗口显示目标文件，并删除所有框架。
- _blank：指打开一个新的浏览器窗口显示目标文件。
- _self：指在当前网页所在的框架或窗口打开目标文件。
- _parent：指在当前网页的父窗口中打开目标文件。

默认值为_self。在没有框架的网页中，_top、_self、_parent是同一个窗口。除这四个值之外，target的属性值还可以是任意一个窗口的名称。

- name：在锚点中使用，它用于定义锚点的名称。如，<a name="记号名">目标文本</a>　　单击超级链接名称，将跳转到"记号名"开始的文本。
- title：用于定义指向超链接时所显示的标题文字。

2．跨文件、跨网络的链接

创建指向跨文件、跨网络的链接，就是在当前页面与其他页面之间或其他服务器主机之间建立超链接。

语法：

```
<A HREF="链接位置">超级链接名称</A>
```

说明：

链接位置可以指向：通信协议://链接地址/文件位置…/文件名称；通信协议；http、ftp、telnet；file（文件所在的相对路径或绝对路径）；mailto:电子邮件账号。如例2-7中通过点击"返回上页"超链接可以到达图2-6所示的页面。实现了在不同页面及不同服务器之间的跳转。

3．相对路径和绝对路径

路径是指从站点根文件夹或当前文件夹起到目标文件所经过的路线。在进行链接时，需要使用路径指明目标文件所在的位置。

路径有以下3种类型：

- 绝对路径：也称为绝对URL，指被链接文档的完整URL，是包含服务器协议的完整路径。使用绝对路径与链接的源文件位置无关，适用于外部链接，但测试链接须上网进行。
- 相对路径：以源文件所在位置为起点到目标文件经由的路径。指和源文件所在文件夹相对的路径。指定文档相对路径时，省去了源文件与目标文件对URL相同的部分。适用于内部超链接，有利于站点整体移动，这种链接调试方便，不需上网。但移动源文件则会破坏链接。
- 根相对路径：从站点根文件夹到目标文件所经由的路径。用 / 开头，与绝对路径相似，但省去了协议部分，可看做是绝对和相对路径的一种折中。它与源文件位置无关，同时也解决了绝对路径测试上的麻烦，常用于站点保存在多个服务器上或一个服务器上有多个站点的情况。

说明：

请参照例2-8理解相对路径。

4．创建邮件超链接

使用A标记创建邮件链接时，A标记的href属性值由3部分组成：

- 电子邮件协议：mailto
- 电子邮件地址：如yunhai@sohu.com
- 可选的邮件主题，其形式是：subject=主题

说明：

第1部分与第2部分用"："隔开，第2部分与第3部分用"？"隔开。如：

```
<A href="mailto:tjp@sohu.com?subject=关于ASP">与我联系</A>
```

5．更改链接文字的颜色

在默认情况下，超链接的文字是蓝色（blue），访问过的文字呈栗色（maroon）。当然可以改成自己喜欢的颜色，方法是改变<body>标记中相关的属性值。

- link：设置链接颜色。如：<body link="black">链接为黑色。
- vlink：设置已使用的链接的颜色。如：< body vlink="red">访问过的链接为红色。

- alink：设置激活的链接的颜色。如：< body alink="yellow">激活的链接为黄色。

说明：

请参照例2-9体会如何将链接颜色修改成自己喜欢的颜色。

2.3.3 拓展训练——制作"实例回顾"的链接网页

例2-8：请将第1章和第2章前三个实例与分别与图2-9中的"实例回顾"建立链接，并与新浪、搜狐、网易建立友情链接。

图2-9 实例回顾（文件链接）网页效果图

操作要点提示：

1）要建立"1-1.asp"与例1-1的链接，注意使用相对路径。即<a href="../ch1/1-1.asp">例1-1</a>。

2）要从例1-1页面返回到图2-9的页面，只需要在例1-1代码最后插入<a href="2-9.htm">返回主页</a>。

3）其他各项链接与步骤1）和2）一样，请同学们自己完成。

4）友情链接部分直接使用<A href="http://www.sina.com.cn" target="_blank" title="新浪">新 浪</A>链接到新浪网。代码中属性target="_blank"表示在新空白网页中打开新浪页面。

5）保存并预览网页效果如图2-9所示。

例2-9：请仿照例2-8的代码做出如图2-10所示页面。

图2-10 点歌台（文件链接）网页效果图

操作要点提示：

1）在浏览器右边使用<img align=right src= ../pic/edu.gif>插入一幅图。

2）暗香歌名用<a href="meiti/anxiang.mp3">暗香</a>与歌曲链接，其他歌曲链接同暗香歌曲所使用标记相同。

3）设置链接颜色为黑色，已使用的链接颜色为红色，被激活的链接颜色为粉红色，使用<body link="black" vlink="red" alink=orange>标记及属性完成。

4）<A href="mailto:tjp@126.com?subject=关于您喜欢的歌曲">点歌，与我联系</A>

例2-10：请仿照例2-8制作页面内诗词链接，效果如图2-11所示页面。

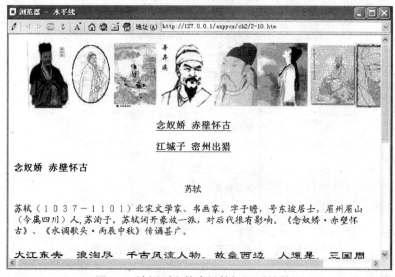

图2-11　诗词（文件内链接）网页效果图

操作要点提示：

1）在《念奴娇 赤壁怀古》标题前使用<a name=#top><a href="#1">念奴娇 赤壁怀古</a>定义到锚点"#1"的链接，并在页首定义锚点名称为"#top"，以便在最后使用<a href="#top">返回到页首</a>，那么锚点则在词正文前的标题处使用<a name=#1>念奴娇 赤壁怀古 </a>定义锚点名称。

2）同样，在《江城子 密州出猎》标题前使用<a href="#2">江城子 密州出猎</a>链接到词正文前的标题处。一定要在正文前的标题处使用<a name=#2>江城子 密州出猎 </a>来定义锚点名称。

3）主要代码如下：

```
<img src="../other/shi.gif">
<h3><a name=#top><a href="#1">念奴娇 赤壁怀古</a> </h3>
<h3><a href="#2">江城子 密州出猎</a>
</h3>
</center>
<h3><a name=#1>念奴娇 赤壁怀古 </a></h3>
<p align=center><font face=宋体>苏轼</font></p>
<p><font face=楷体_gb2312 size=4>苏轼（1037-1101）北宋文学家、书画家......</font></p>
<p><font face=隶书 size=5>大江东去，浪淘尽......
```

```
</font></p>
<hr align=center width="90%" color=#0000ff size=5>
<img src="link.files/007.jpg">
<h3><a name=#2>江城子 密州出猎 </a>
</h3>老夫聊发少年狂，左牵黄，右擎苍。……
<p><a href="#top">返回到页首</a>
```

2.4 嵌入图片

2.4.1 制作"风光旖旎"网页

例2-11：用HTML语言编写如图2-12所示的"风光旖旎"网页。

图2-12 风光旖旎（图片链接）网页效果图1

操作步骤如下：

1）打开EditPlus编辑器。

2）在编辑器中书写如下代码：

```
<html>
<head>
<title>风光旖旎</title>
</head>
<body>
<a href=2-12.htm  title=九寨风光><img src=../pic/j1.jpg></a>
<a href=2-12.htm  title=九寨风光><img src=../pic/j2.jpg></a>
<a href=2-12.htm  title=九寨风光><img src=../pic/j3.jpg></a>
<a href=2-12.htm  title=九寨风光><img src=../pic/j5.jpg></a>
<img src=../pic/j6.jpg>
<img src=../pic/j7.jpg>
<img src=../pic/j8.jpg>
<img src=../pic/j9.jpg>
</body>
</html>
```

3）保存并预览网页效果如图2-12所示。

例2-12：用HTML语言完成如图2-13所示的网页效果。

图2-13　九寨风光（图片链接）效果图2

操作步骤如下：

1）打开EditPlus编辑器。

2）在编辑器中书写如下代码：

```
<html>
<head>
<title>九寨风光</title>
</head>
<body>
<a href=2-11.htm   title=风光旖旎><img src=../pic/02.jpg  alt=生命></a>
</body>
</html>
```

3）保存并预览网页效果如图2-13所示。

例2-11与例2-12用图片作超链接，实现了页面间的跳转，且设置了部分图片的属性。

2.4.2　知识讲解——嵌入图片

1. 图片文件的格式

在浏览网页时，经常能见到各种各样的图片，图片既增加了网页的动感，又使得整个网页丰富而吸引浏览者浏览。那么是否种类繁多的各种图片类型都可以放在网页中呢？回答是否定的。接下来，请先了解一下放在网页中的图片类型。加入网页中的图片经常使用GIF和JPEG格式。

- GIF格式文件普遍用于显示索引颜色图形和图像。最多只能显示256种颜色，这就使得GIF格式的图片只能存储一些对颜色要求不高的图片，例如：图标、剪贴画和艺术线条等。但是GIF文件格式可以制作动画图像和透明图像及隔行效果。

- JPEG格式文件普遍用于显示图片和其他连续色调的图像文档。它拥有计算机所提供的最多种颜色，适合存放高质量的图片。另外，通过选择性地去掉数据来压缩文件，采用最佳品质的压缩效果与原图几乎没有区别。相同的图片所占空间却比GIF文件小，所以下载速度、浏览速度均很快。唯一不足之处是JPEG格式的文件没有GIF格式文件的特殊效果。

1）设置网页的背景：网页的背景多种多样，可以是某种颜色或图片。

无论是颜色还是图片，都可以利用2.1节body标记的属性来设置。大家可以看body标记的属性表2-1。利用色彩作背景色，很容易使整个页面颜色协调，而且下载速度比采用图片作背景快。网页一般默认为白色。

语法：

`<body  bgcolor=颜色值>`

说明：

其中"颜色值"可以是颜色的英文名或相应的十六进制值，具体对应关系见表2-2。

2）用图片作为背景：利用图片作为背景可使网页更绚丽多彩。

请大家一定注意，作为网页背景的图片要尽量小，以免影响下载速度。

语法：

`<body  background="图文件存储位置与名称">`

说明：

- 图片文件存储位置与名称可以是相对路径，也可是绝对路径。
- 图片文件可为GIF或JPEG格式文件。

2. 图片标记

一个生动的HTML文档离不开图像，尽管图像影响了访问网络的速度，但正是图像使网页更具有吸引力。所以使用图片标记把一幅图片加入到网页中，并可以设置图片的替代文本、尺寸、布局等属性。

语法：

`<IMG  src="图文件存储位置与名称"  alt="叙述文字"  width=x  height=y  border=n hspace=h  vspace=v  align=对齐方式>`

说明：

图片标记中的属性说明如表2-4所示。

表2-4 图片标记的属性说明

名　称	说　明
Src	指出要加入图片的位置与名称
Alt	在浏览器未完全读入图片时，在图片位置显示的文字
Width	宽度（像素数或百分数），通常设为图片的真实大小，以免失真。若要改变图片大小最好事先用图片编辑工具修改
Height	设图片的高度（像素数或百分数）
Hspace	设图片左右边沿空白的像素数
Vspace	设图片上下边沿空白的像素数
align	图片在页面中的对齐/布局方式，或图片与文字的对齐方式

1）图片大小：在<img>标记的height（图片高度）和width（图片宽度）属性的值可取像素数或百分数（相对于浏览器窗口）。如果不设定图片的尺寸，图片将按照自身大小显示。

2）图片的布局：使用<img>标记的align属性来设置图片在网页中的位置，以及图片与文本的排放关系。

Align属性的取值如表2-5所示。

表2-5　Align属性的取值说明

值	说　　明
Right	图片居右，文本在图片左边
Left	图片居左，文本在图片右边
Center	图片居中
Top	图片顶部与文本对齐
Middle	图片中央与文本对齐
bottom	图片底部与文本对齐

小贴示：

在学会使用<IMG>属性align设置图文绕排之后，有兴趣的读者可试一下<P>标记的align属性或<CENTER>标记，你会惊喜地发现同样也可达到图文绕排的目的。

3）设置图片与文本之间的空白：为了使整体页面中的图片与文本布局合理、美观、大方，常常在图片与文本之间留下空白。这可以通过使用<IMG>标记的hspace和vspace属性实现。

3. 用图片作超链接

网上的资源如此丰富多彩，正是由于可以在图像上轻松点击，才使每一个网上冲浪者乐此不疲。那么，如何将图片作为超链接对象呢？（单击图片跳转到链接的文本或其他页面，图片作为热点。）

语法：

<a　href=地址><img　src=图片文件位置名称></a>

2.4.3　拓展训练——制作"流行街舞"网页

例2-13：用HTML语言完成图2-14所示的图片与文字的绕排效果。

图2-14　街舞文化图文绕排效果

操作要点提示：

1）设置"舞女"图片与文字的位置关系为：图片居左，高122，宽92，图片左右边沿空白的像素数为5。在浏览器未完全读入图片时，在图片位置显示的文字为"舞女"。代码为：<img src="../pic/11.gif" width="92" height="122" vspace="5" align="left" alt=舞女>。

2）请自己仿照步骤1）设置图片"多人舞蹈"与文本的位置关系。

3）"多人舞蹈"与例2-6链接，代码为<a href =2-6.htm> <img src="../pic/6.gif" alt="时尚群

舞" width="106" height="151" align="right" ></a>。

例2-14：用HTML语言完成图2-15所示的图片与文字的绕排效果，并用图片超链接到原图。

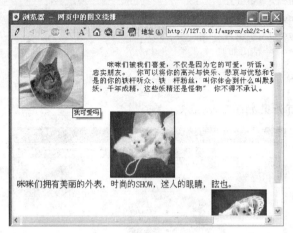

图2-15　网页中图文绕排效果图

操作要点提示：

1）设置第一张图片与文字的位置关系的代码为：<img src="../pic/cat1.jpg" alt="我可爱吗" width="120" height="120"　border="1" align="left">。

2）第二张图片则使用<center>标记使其居中。并用图片超链接到原图像，使用代码为<a href="../pic/cat2.jpg"><center><img src="../pic/cat2.jpg" alt="友谊" width="120" height="120" ></a> </center>。

3）第三张图片则使用align属性使其居右显示，代码为：<img src="../pic/cat3.jpg" alt="友谊" width="100" height="100"　align="right">。

2.5　列表标记

在生活中，列表（list）的使用非常普遍。列表项或以有序的编号，或以醒目的符号，简洁明了，将信息以最直接的方式传递，提供一种有组织的易于浏览的阅览格式。经常在网上冲浪的人很难找到一个没有列表的Web页。公司主页用列表给出它们的主要服务，学校主页用列表给出他们的院系设置等。若没有列表，同样难以想象如何制作Web页。

2.5.1　制作"雪在江湖"网页

例2-15：采用列表的方法完成图2-16所示的"雪在江湖"网页。

操作步骤如下：

1）打开EditPlus编辑器。

2）在编辑器中书写如下代码：

```
<center>
  <ul>
    <li type="square">雪在江湖
    <li type="square">雪人物语
    <li type="square">踏雪留痕
```

```
        <li type="circle">白雪少年
        <li type="circle">天下有雪
        <li type="disc">雪中美景
        <li type="disc">白雪皑皑
        <li type="disc">雪中望月
        <li type="disc"> 洁白如雪
    </ul>
</center>
```

3）保存并预览网页效果如图2-16所示。

图2-16 人在江湖（列表）网页效果图

2.5.2 知识讲解——列表标记

1. 有序列表

有序列表也叫编号列表，它的列表前有序号标志（如数字、字母），正是列表项前的前导编号吸引了读者的注意力，可按照一定的顺序很清晰地达到浏览网页的目的。

语法：

```
<Ol   type=符号类型   start=n>
<Li   type=符号类型1>第一列表项</li>
<Li   type=符号类型2>第二列表项</li>
<Li   type=符号类型3>第三列表项</li>
<Li   type=符号类型4>第四列表项</li>
...
</Ol>
```

说明：

• <Ol>…</Ol>这是列表项的开始和结束标志，不可缺少，包括在中间的是列表项的内容。一个<Li>产生一个列表项。</Li>标记是可选的。

- 在浏览器中显示列表项时，列表项与上下段之间各有一空白行；列表项目向右缩进并左对齐；各表项前带顺序号。
- <Ol>的start属性设置列表序号开始的编号。
- <Ol>的TYPE属性指定列表项的符号类型如表2-6所示。

表2-6　有序列表编号式样

属　　性	编号设置	式　　样	默　　认
1	阿拉伯数字	1,2,3,…	√
A	小写字母	a,b,c,…	
A	大写字母	A,B,C,…	
I	小写罗马数字	i,ii,iii,…	
I	大写罗马数字	I,II,III,…	

2. 无序列表

无序列表与有序列表的区别仅在于前导字符不一样，它的前导字符一般为黑点、实方框或空心圆，而不是编号。无序列表中列表项的先后次序无关紧要。

语法：

```
<Ul    type=符号类型    start=n>
<Li    type=符号类型1>第一列表项
<Li    type=符号类型2>第二列表项
<Li    type=符号类型3>第三列表项
<Li    type=符号类型4>第四列表项
...
</Ul>
```

说明：

- <Ul>…</Ul>是列表项的开始和结束标志，不可缺少。同有序列表一样，一个<Li>产生一个列表项。
- <Li>是单标记，不同于有序列表，即一个表项的开始意味着另一个表项的结束。
- <Ul>属性TYPE的值可为：disc（实心圆点●）、circle（空心圆点○）、square（方块■）。

3. 定义列表

定义列表又叫字典列表。因为这种列表与字典有相同的格式，每个列表项都带有一个缩排的定义字段，就如字典中对单词或短语的解释一样。有了定义列表，对含有附加说明的列表项就可以容易组织了。

语法：

```
<DL>
<DT>...定义单词1...</DT>
<DD>...单词1的说明1...</DD>
<DD>...单词1的说明2...</DD>
<DT>...定义单词2...</DT>
<DD>...单词2的说明1...</DD>
    <DD>...单词2的说明2...</DD>
...
</DL>
```

说明：

- <DL>…</DL>是定义列表的开始和结束标记，包含在两者之间的是定义列表的单词与说明性文字。结束标记不能省略。
- 与<Li>标记一样，<DT>、<DD>也是单标记。
- 由<DT>定义的项目会自动换行左对齐，但项目之间没有空行。

4. 菜单列表标记

菜单列表用于设计单列菜单列表，与无序列表有同样的语法结构。它用<MENU>标记替代<UL>，并引入<LH>来定义菜单列表的标题。

语法：

```
<MENU>
<LH>菜单列表的标题
<Li    type=符号类型1>第一列表项
<Li    type=符号类型2>第二列表项
...
<LH>菜单列表的标题
<Li    type=符号类型3>第一列表项
<Li    type=符号类型4>第二列表项
...
</MENU>
```

注意：

在浏览器中显示时，<LH>定义的标题前没有项目编号，其他列表项同<LI>定义的列表项。

5. 列表的嵌套

前面介绍的几种列表都是可以嵌套使用的。有序列表和无序列表不仅可以自身嵌套，而且彼此可互相嵌套。

现在的浏览器几乎都可以用缩排的方式显示嵌套的列表。这样就使行嵌套的列表有了一个很好的外观。这也是嵌套列表广泛应用的原因。

2.5.3 拓展训练——制作"奥林匹克知识"网页

例2-16：请制作出如图2-17所示的"奥林匹克知识"网页列表效果。

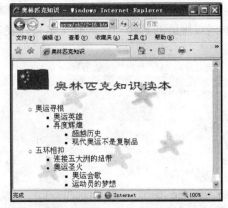

图2-17 奥林匹克知识（嵌套列表）网页效果图

操作要点提示：

1）从图2-17可以看出使用的是无序列表三层嵌套。

2）第一层"奥运寻根"下又嵌套两层。注意嵌套层数即可。代码为：

```
<ul>
    <li type=circle>奥运寻根
    <ul>
    <li   type=square>奥运英雄
        <li    type=disc>再度辉煌
        <ul>
        <li>超越历史
        <li type=square>现代奥运不是复制品
        </ul>
    </ul>
...
</ul>
```

（图中标注：第一层、第二层、第三层）

3）"五环相扣"部分的代码同上。

4）保存并预览网页效果如图2-14所示。

例2-17：请参照例2-15写出如图2-18所示的网页代码。

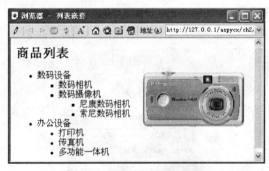

图2-18 列表嵌套网页效果图

操作步骤提示：

从图2-18可以看出，这是三层无序列表的嵌套。注意嵌套层次的对应。列表部分代码如下所示。

```
<uL>
    <li>数码设备
    <ul>
    <li    type=square>数码相机
    <li    type=square>数码摄像机
        <ul>
        <li>尼康数码相机
        <li >索尼数码相机
        </ul>
    </ul>
    <li>办公设备
    <ul>
        <li    type=disc>打印机
```

```
    <li` type=disc>传真机
     <li   type=disc>多功能一体机
    </ul>
</ul>
```

例2-18：请补充以下定义列表部分的源代码，用定义列表完成如图2-19所示的效果。
源代码如下：

```
<html>
<head>
<title>定义列表</title>
</head>
<body>
<img src="../pic/5-1.jpg" align="absmiddle">
<dl>
<dt>
<dt><font color="#CC66f0" size="4" face="华文彩云">中国古典四大名著</font></dt>
<font color="#CC6600">
   <dd> 红楼梦
   <dd>水浒传
   <dd>西游记
   <dd>三国演义 </font>
   <dt>
...
</dl>
</body>
</html>
```

图2-19 文学介绍（定义列表）网页效果图

2.6 表格

表格是处理数据最常用的一种形式。表格不但形式简洁，而且反映了数据在行和列上的关系。不仅如此，在HTML文件中，可将图像甚至是视频剪辑、音乐、超链接放到表格单元中。

通过简单地点击就可以观看电影，欣赏音乐，或者进入相关的Web站点。

2.6.1 制作"旅游风向标"网页

例2-19：用表格标记完成如图2-20所示的效果。

图2-20 旅游风向标（表格）网页效果图

本例包含两个独立的表格。标题及各地风光导航部分是一个无边框的表格。图片欣赏部分是一个有边框的表格。

操作步骤如下：

1）打开EditPlus编辑器。

2）各地风光导航部分的表格代码如下：

```
<table width="95%" >            '设置无边框表格
  <tr>                          '表格第一行起始标记
    <td colspan="3"> <div align="center"><font color="#00FF00" size="5" face="
    华文彩云">旅游风向标</font></div></td>        '第一项跨三列
  </tr>            '表格第一行结束标记
  <tr>             '表格第二行起始标记
    <td width="33%" height="15"><div align="right"><font size="2">[<a
    href="../pic/1-3.jpg">香港风光</a>]</font></div></td>        '第二行第一项
    <td width="36%"><div align="center"><font size="2">[<a href="../pic/1-
    6.jpg">澳门风光</a>]</font></div></td>                       '第二行第二项
    <td width="31%"><div align="left"><font size="2">[<a href="../pic/1-8jpg">
    苏杭风光</a>]</font></div></td>
  </tr>                         '第二行结束标记
</table>                        '表格结束标记
```

3）图片欣赏部分代码如下：

```
<table width="542" border="3" align="center" cellspacing="10" bordercolor="#FF66CC">
  <tr valign="bottom">            '设置靠单元格下部垂直对齐
   <td width="167" align="center"><img src="../pic/1-2.jpg" width="100"
   height="88">  '表格中的图文件
      <font color="#0000FF">舒畅</font><br> </td>        '第一行第一项
```

```
<td width="165" align="center"><img src="../pic/1-1.jpg" width="100"
height="88">
    <font color="#FF0099">温馨</font><br> </td>        '第一行第二项
    <td width="165" align="center"><img src="../pic/1-3.jpg" width="100"
height="88">
    <font color="#0033FF">惬意</font>
</tr>
<tr >
    <td align="center"> <img src="../pic/1-3.jpg" width="159" height="120"></td>
    <td align="center"><img src="../pic/1-6.jpg" width="159" height="120"> </td>
    <td align="center"><img src="../pic/1-8.jpg" width="159" height="120"> </td>
</tr>
</table>
```

例2-20：请使用表格标记及属性设置如图2-21所示的网页效果。

图2-21　招生情况表（表格属性）

操作要点提示：

1）使用<caption>…</caption>标记给表格加标题。

2）设置"姓名"一行的背景色为深蓝色，字体居中显示（<tr align="center" bgcolor= "#6633cc">）。设置<table>标记的背景属性（bgcolor=yellow）。

3）王林一行的背景色为浅黄色（<tr bgcolor="#ffffcc">），做出第二行后，复制第二行源码，生成第三行至第五行的表格。

4）赵云一行的背景色为浅绿色（<tr bgcolor="#ccff99">）。

例2-21：请使用表格及表格的框线、背景色等属性完成如图2-22所示的网页效果。

从图2-22中可看出："录取院校"跨两列显示，"学号"、"姓名"跨两行显示。

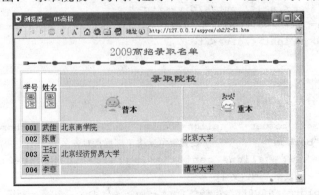

图2-22　2009高招录取名单（表格框线）网页效果图

操作步骤如下：

1）打开EditPlus编辑器。

2）表格部分的代码为：

```
<table  border=2 width=100%>            '设置表格边框线宽为2，表格占窗口宽度的100%
  <caption>
  <font color=#FF0000  size=5 face="隶书">2009高招录取名单</font><br>
  <font  size=5 color=blue><img src="../aspycx/pic/0105.gif" width="574"
  height="9"></font>
  </caption>
  <tr>
    <th    width="7%"    rowspan=2><font    color="#0000FF">学  号 <img
    src="../pic/yinz.gif" width="24" height="34"></font>        '设置表格跨2行
    <th  width="7%"  rowspan=2><font  color="#0000FF">姓名</font> <img
    src="../pic/yinz.gif" width="24" height="34">          '表格中的图文件
    <th colspan=2 bgcolor="#FFCCCC">
<p><font  color="#0033FF"  size="5"  face="隶书"><strong>录 取 院 校
</strong></font></p></tr>
  <tr>
    <th width="46%" height="73" bgcolor="#CCFF66"><img src=../pic/078.gif>普本
    <th width="40%" bgcolor="#CCFF66"><img src=../pic/051.gif>重本
  <tr>
    <th bgcolor="#FF99FF">001            '设置表格的背景色为浅粉色
    <td bgcolor="#FF99FF">武佳
    <td bgcolor="#FFCCCC">北京商学院</tr>
  <tr>
    <th bgcolor="#FFCCFF">001
    <td bgcolor="#FFCCFF">陈唐
    <td bgcolor="#FFFFFF">
    <td bgcolor="#FFCCCC">北京大学</tr>
  <tr>
    <th height="20" bgcolor="#FFCCCC">001
    <td bgcolor="#FFCCCC">王红云
    <td bgcolor="#FFCCCC">北京经济贸易大学</tr>
  <tr>
    <th bgcolor="#FFCC99">001
    <td bgcolor="#FFCC99">李菲
    <td bgcolor="#FFCC99">
    <td bgcolor="#FF66FF">清华大学</tr>
</table>
```

3）保存并预览网页效果如图2-22所示。

总之，利用设置<table>标记的不同属性值就可以制作出更加精美的表格，以在实际应用中如鱼得水。

2.6.2 知识讲解——表格

1. 表格的结构

表格是行列整齐排列的单元格的集合。表格包括表格标题、表格内容。表格的语法如下：

语法：

```
<table align=left | center | right   border=n   width=x | x%   height=y | y%>
<caption>表格标题</caption>
<tr><th>单元格标题1<th>单元格标题2...<th>单元格标题n
<tr><td>单元格文字1<td>单元格文字2...<td>单元格文字n
...
<tr><td>单元格文字1<td>单元格文字2...<td>单元格文字n
</table>
```

说明：

- <table>…</table>为表格的开始和结束标记；<tr>为行标记，是单标记；<td>为表项的标记。
- <th>为表头标记，在浏览器中显示时，表头文字按粗体显示，且自动居中；而<td>标记的文字按正常字体显示，属于表项。有时<td>也可用<th>来代替。
- 表格的整体外观由</table>标记的属性决定，如表2-7所示。

表2-7　<table>标记的属性

属 性 名	说　　明
Align	定义整张表格在页面中的位置
Border	定义表格边框线的粗细，n取整数，表示像素数。如果省略，则无边框
Width	定义表格的宽度，x为像素数或占窗口的百分比
Height	定义表格的高度，y为像素数或占窗口的百分比

2. 表格字段背景颜色的设定

利用上面的知识制作的是基本表格，但是太单调。那么，这一部分讲述为表格字段加入色彩来美化表格。

语法：

```
<bgcolor=#rrggbb>其中#rrggbb代表"色码表"中值，（r指红色，g指绿色，b指蓝色）。
```

说明：

详见表2-2。

3. 表格中的图文件

在超文本中，常将图像甚至是视频剪辑、音乐、超链接放到表格单元中，下面讲述如何将这些图像放到表格中。

语法：

```
<img  src=文件位置及名称>
```

4. 跨多行、多列的表项

在网页上，大家可能会经常发现大量的表格是不规则的，有的是跨多行，有的是跨多列的。这些都可以使用HTML来完成。

1）跨多列表项。

语法：

```
<td colspan=x>表项</td> | <tr colspan=x>表项</tr> | <th colspan=x>表项</th>
```

说明：

其中x表示跨列（合并）的列数。

2）跨多行表项。

语法：

```
<td rowspan=x>表项</td> | <tr rowspan=x>表项</tr> | <th rowspan=x>表项</th>
```

说明：

其中y表示跨行（合并）的行数。

3）同时跨多行多列的表项：在<th>中同时使用colspan和rowspan属性可制作多重表头。

语法：

```
<th   colspan=y   rowspan=x>
```

说明：

其中x和y分别表示表头跨多行和多列的数目。

5．表格中的表格

在浏览网页时，常见到内嵌表格。也就是说表格中除了放置文字、图形外，还可以在表格中放置一个表格。其实这很简单，只是在<table>标记内再内嵌一个<table>标记就可实现。用法和前面讲到的列表内嵌极为相似。

6．表格中的对齐表项

通过上面表格的大量学习，大家会发现，在默认状态下表格中的表项是居左的。有时为了表格设计合理、美观、大方，常常改变表项的位置。可用行、列的属性设置表项数据在单元格中的位置。

1）水平对齐方式采用标记<col><th><td>和<tr>的align属性。align属性值分别为：center、left、right。

2）垂直对齐方式采用valign属性，valign属性值分别为：top（靠单元格上部）、bottom（靠单元格下部）、middle（中间）、baseline（同行单元数据项位置一致）。

2.6.3 拓展训练——制作"观上海世博日程"网页

例2-22：请用表格完成如图2-23所示的"观上海世博日程"网页。

操作要点提示：

1）设置整张表格的属性边框为1，宽度为88%。使用代码为：<table width="88%"border="1"background="../pic/bg.gif">。

2）在表格中插入第一幅图，跨三列。代码为：<td colspan="3"><img src="../pic/guoqi.gi" width="110" height="82"></td>。

3）"八月份"跨7行，设置字体为"华文行楷"。代码为：

```
<td width="8%" rowspan="7">
<p><font size="+4" face="华文行楷">八</font></p>
        <p><font size="+4" face="华文行楷">月</font></p>
        <p><font size="+4" face="华文行楷">份</font></p></td>
```

图2-23 观上海世博日程（表格的综合应用）网页效果图

4）日期是5号，表格则使用如下代码：

```
<td width="14%">
<p align="left"><font color="#0000FF" face="隶书"><i><b>5</b></i></font></p>
<p align="right"><font color="#0000FF" face="隶书">美国馆</p></td></font>
```

5）8月6号到8月9号分别用"芬兰馆"、"日本馆"、"荷兰馆"、"意大利馆"代替"美国馆"
插入。

例2-23：请用表格布局"我学ASP"网页。效果如图2-24所示。

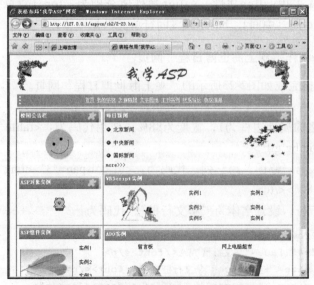

图2-24 表格布局"我学ASP"网页效果图

操作要点提示：

1) 整个网页分为两个大表格，一个是"我学ASP"和导航条二行的表格，如图2-25所示；另一部分是网页下半部分，如图2-26所示。为了使读者能够从图中看出来，已将表格边框显示出来。

图2-25 表格布局"我学ASP"网页上半部分表格效果图

图2-26 表格布局"我学ASP"网页下半部分表格效果图

2) 表格部分代码如下：

```
<TABLE width="705" border="1" align="center" cellpadding="3" cellspacing="0">
  <TR>
    <TD width="95"><IMG src="../pic/lp2.gif" width="82" height="79"></TD>
    <TD width="504"><DIV align="center" class="top">我学ASP</DIV></TD>
    <TD width="88"><IMG src="../pic/lp2.gif" width="82" height="79" class="fz"></TD>
  </TR>
```

```
    <TR>
      <TD height="31" colspan="3">
        <DIV align="center" >
          <TABLE    width="100%"    height="32"    border="1"    align="center"
          cellpadding="3" cellspacing="0" background="../pic/a1.gif">
            <TR>
              <TD height="32" class="link1">
<DIV align="center"><A href="#"><FONT color="#FFFFFF">首页</FONT></A>
              <A href="http://www.sohu.cn">我的学校</A> <A href="#">友情链接</A>
              <A href="#">文学园地</A>
              <A href="#">本书实例</A> <A href="mailto:tjp@sohu.com?subject=
              %B9%D8%D3%DAASP">联系站长</A>
              <A href="javascript:alert('我们是您永远的朋友！')">版权信息</A>
              </FONT></DIV></TD>
            </TR>
          </TABLE>
        </DIV></TD>
    </TR>
</TABLE>
```

3）网页下半部分表格从图2-26中可以看出是四行2列的表格，然后在每个表格中根据需要再内嵌表格。

2.7 框架

在网页的制作上，如果能随时看到主列表项，当点击某列表项时不希望跳到新的页面，这时就可以采用框架来完成网页的制作。框架设定主要是使用<frameset>和<frame>两个标记来制作，以达到窗口分割目的。

2.7.1 制作"风景欣赏"网页

例2-24：用框架标记来完成如图2-27所示的"风景欣赏"网页。

这个实例将整个页面分割成左右两个框架，左框架对应的源文件是一张图片，右框架与一个文件链接。体会一下源文件（SRC）后的文件位置及名称，也就是说，既可以是图片、动画、声音文件，也可以是任意位置的网页。

图2-27 风景欣赏（框架）网页效果图

操作步骤如下：

1）打开EditPlus编辑器。

2）框架部分的代码为：

```
<frameset cols=30%,70%>                        '设定纵向分割框架各占的百分比数
    <frame name="left" src=../pic/e3.jpg        '在左框架内插入一幅图
    <frame name="right" src=2-19.htm >          '右框架内链接2-19.htm程序
        </frameset>                             '框架结束标记
```

3）保存并预览网页效果如图2-27所示。

例2-25：使用target标记实现框架间的链接。

当点击"故宫"时，故宫图片则显示在右窗口；当点击"颐和园"时，图片则显示在左窗口；当点击"日落"时，图片则显示在新打开的窗口内。界面如图2-28所示。

图2-28 框架间的链接

操作要点提示：

1）使用框架标记完成左右框架的设计。如<frameset cols="182,*">...</frameset>。

2）右窗口的内容直接链接文件2-19.htm。

3）左窗口部分链接到文件2-25-1.htm。2-25-1.htm的主要代码如下所示：

```
<p><img src=../pic/biao2.gif><a href="../pic/e2.jpg" target="main"><font  face=
隶书  size=5>故宫</a>
    <p><img src=../pic/biao2.gif><a href="../pic/p5.jpg" target="main">天安门</a>
    <p><img src=../pic/biao2.gif><a href="../pic/f1.gif" target="_self">颐和园</a>
    <p><img src=../pic/biao2.gif><a href="../pic/a5.jpg" target="_parent">日落</a>
  <p><img src=../pic/biao2.gif><a href="../pic/a4.jpg" target="_blank">山峦
    </font></a>
```

2.7.2 知识讲解——框架

1.框架标记

语法：

```
<frameset>                    '框架组开始标记
```

```
<frame   src=文件位置及名称>          '标示每一个框架，用来声明其中框架页面的内容
<frame   src=文件位置及名称>
...
</frameset>            '框架组结束标记
```

1）框架组标记。

语法：

```
<frameset rows=x1 cols=x2 border=n bordercolor=mycolor frameborder=yes｜no  framespacing=m>
...
</frameset>
```

说明：

框架标记的属性及说明见表2-8。

表2-8　框架组标记的属性及说明

属性名称	说明
Rows	设定横向分割的框架数目（像素数或百分比数）
Cols	设定纵向分割的框架数目（像素数或百分比数）
Border	设定边框的宽度
Bordercolor	设定边框的颜色
Frameborder	设定有/无边框
Framespacing	设置各窗口间的空白

2）框架标记。

语法：

```
<frame  src="文件位置和名称" name="框架名"  border=n bordercolor=mycolor frameborder=
yes｜no  marginwidth=x1 marginheight=x2  scrolling= yes｜no｜auto noresize >
```

说明：

• <frame>是一个单标记。

• 框架名须由字母开头，用下划线开头的名字无效。

• <frame>标记的个数应等于在<frameset>标记中所定义的框架数，并根据<frame>出现的
  先后次序，按先行后列对框架进行初始化。若<frame>数目少于定义的框架数，则多余
  的框架为空。

• 由于<frameset>与<body>标记的作用相同，所以在HTML文件中，这两个标记不能同时
  出现，否则将出现错误。

• 框架标记的属性及说明见表2-9。

表2-9　框架标记的属性及说明

属性名称	说明
Src	表示该框架对应的文件位置及名称（源文件）
Name	指定框架名
Border	设定边框的宽度
Bordercolor	设定边框的颜色
Frameborder	设定有（yes）/无（no）边框

（续）

属性名称	说　　明
Marginwidth	设定框架内容与左右边框的空白
Marginheight	设定框架内容与上下边框的空白
Noresize	不允许各窗口改变大小，默认设置是允许各窗口改变大小
Scrolling	设定是（yes）/否（no）/自动（auto）加入滚动条

通过设置框架组及框架的属性，使框架外观产生不同的艺术效果，更符合人们的需要。

2. 框架间的链接

在2.4节中已经学习了普通链接，但是在框架的使用中，单击链接（热点文本）后，要使网页呈现在设定的分割窗口，则可以使用HTML语言提供的target标记。

语法：

`<A　href="目标文件位置及名称.html "　target="框架名">连接文件</A>`

说明：

框架名有4个特殊的值，可实现4类特殊的操作，如表2-10所示。

表2-10　框架名的四种值

框架名取值	说　　明
Target=_blank	链接的目标文件载入到一个新的浏览器窗口
Target=_self	链接的目标文件载入到当前同一窗口中，代替了连接文本所在的文件
Target=_top	链接的目标文件载入到整个浏览器窗口
Target=_parent	当框架有嵌套时，链接的目标文件载入到上一级框架中，否则，载入到整个浏览器窗口

2.7.3　拓展训练——制作"可爱咪咪"网页

例2-26：通过上下框架实现在当前页面内的链接。网页效果如图2-29所示。

图2-29　可爱咪咪（框架嵌套）网页效果图

操作要点提示：

1）上下框架结构。使用如下代码：

```
<frameset    rows="55,*"   >
  <frame src="2-26-1.htm" name="topframe" frameborder="no" >
  <frame src="2-26-2.htm" name="mainFrame" frameborder="no">
</frameset>
```

2）上框架内容链接2-26-1.htm。当点击"憨态可掬"时在下框架中间显示小猫图片。导航条是1行5列的表格。主要代码如下所示：

```
<table width="100%" height="32"   background="../pic/0173.gif">
<tr>
<td height="35">
<div align="center">
<p align="center"><a href="2-26-11.htm" target="mainframe">憨态可掬</a></p>
<td><p align="center"><a href="2-26-12.htm" target="mainframe">舒适小窝</a></p>
<td><p align="center"><a href="2-26-13.htm" target="mainframe">好梦正酣</a></p>
<td><p align="center"><a href="2-26-14.htm" target="mainframe">快乐嬉戏</a></p>
<td><a href="javascript:alert('我们是您永远的朋友！')">版权信息</a></font></div></td>
</tr>
</table>
```

3）下框架内容链接2-26-2.htm。主要代码如下所示：

```
<table width="300" height="200" border="0" align="center" cellpadding="10" cellspacing="0" >
  <tr>
    <td width="162"><img src="../pic/m1.jpg" width="100" height="75"></td>
    <td width="161"><img src="../pic/m2.jpg" width="100" height="75"></td>
  </tr>
  <tr>
    <td><img src="../pic/m3.jpg" width="100" height="75"></td>
    <td><img src="../pic/m4.jpg" width="100" height="75"></td>
  </tr>
</table>
```

例2-27：通过框架间的链接实现图2-30所示的网页效果。

图2-30 古诗词欣赏（框架间链接）网页效果图

操作要点提示：

1）主框架上边是一张GIF的动画。使用<img src="../pic/5-1.jpg">来完成。

2）左框架链接目标地址是到主框架中，或者新打开一个页面。即<a href="2-27-31.htm" target="bottom">小池</a>，其他项可以参照此写。

2.8 自动刷新页面

浏览网页时，大家常会遇到页面停留几秒后自动指向一个新的页面，这就叫自动刷新页面。

2.8.1 制作"中华古文化"网页

例2-28：使用页面自动刷新标记，实现图2-30经过5秒后页面自动跳转到图2-31的效果。

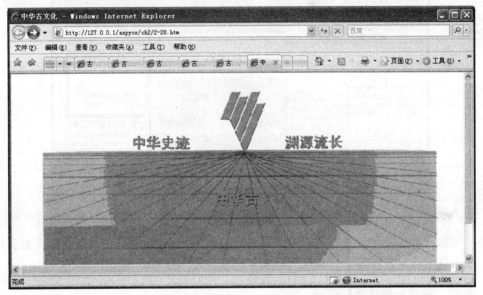

图2-31 中华古文化（页面自动刷新）网页效果图

操作步骤如下：

1）打开EditPlus编辑器。

2）在图2-30的源代码的头文件中加入页面自动刷新标记。代码如下：

```
<META  http-equiv="Refresh"  content=5;url=2-27.htm>
```

3）保存并预览网页效果如图2-30和图2-31所示。

2.8.2 知识讲解——自动刷新页面

自动刷新标记的语法格式：

```
<meta  http-equiv=refresh  content=秒数；url=新页面>
```

说明：

- 锚标记（<meta>）须放在头文件（<head>...</head>）中。
- http-equiv属性值为"refresh"时，显示的是后面URL指定的文件。
- content的两个属性值中间用"；"隔开，该链接将在指定的时间后打开新页面。

2.8.3　拓展训练——制作"自动刷新页面"网页

例2-29：请在主页代码（见本书所给素材2-29文件夹内）内添加页面自动刷新标记，3秒后跳转到苏州园林首页，效果如图2-32所示。

操作要点提示：

1）在<head>标记中使用自动刷新标记<meta>，且设置自动刷新时间为3秒即content=3。

2）在自动刷新标记内将URL指向files/indexa.htm（注意根据文件所放位置使用相对路径）。

图2-32　页面间网页自动刷新效果图

2.9　插入多媒体

为了增加网页的动感效果，吸引网页浏览者的视线，常在网页中加入水平或垂直滚动的字幕，配上优美的背景音乐。下面来介绍如何插入字幕和背景音乐。

2.9.1　制作"庆祝世博成功"网页

例2-30：用字幕布标记制作如图2-33所示庆祝世博成功网页。

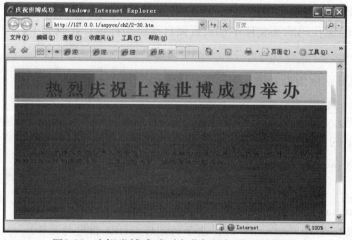

图2-33　庆祝世博成功（字幕标记）网页效果图

操作步骤如下：

1）打开EditPlus编辑器。

2）字幕部分的代码如下：

```
<marquee bgcolor=green          '字幕标记及背景色
  direction=down                '设置文本移动的方向为向下
  scrollamount=2                '设置文本每次移动2个像素
scrolldelay=100                 '前段字幕文本延迟100毫秒后重新开始移动文本
  width =380 height=150         '设置字幕宽、高
onMouseOver=stop()              '鼠标在文本上时，则文本停止移动
onMouseOut=start()              '鼠标离开文本后，文本继续移动
  >
  <font face=隶书 size=t color=red>  <b>2010上海世界博览会让世界人民看到一个无比美丽的上海,
它将以它优美、古朴、具有世界神韵的风采接纳各国来客，它宽广的胸怀，接纳着每一位友人......</b>
</font>
  </marquee>                    '字幕结束标记
```

3）背景音乐部分的代码为：

```
<bgsound src="../other/1.mid"  loop="-1">    '背景音乐标记，且用loop=-1设置为循环播放
```

4）保存并预览网页效果如图2-32所示。

2.9.2 知识讲解——插入多媒体

1. 插入字幕标记

语法：

```
<marquee  align=top|middle|bottom         behavior=scroll|slide|alternate
direction=down|left|up ...>滚动显示的文本信息</marquee>
```

说明：

<marquee>标记所具有的主要属性如表2-11所示。

表2-11 <marquee>标记的主要属性

属性名称	说明
align	字幕与周围文本的对齐方式
behavior	文本动画的类型
bgcolor	字幕的背景色
direction	文本的移动方向
height	字幕的高度
hspace	字幕的外部边缘与浏览器窗口之间的左右边距
vspace	字幕的外部边缘与浏览器窗口之间的上下边距
scrollamount	字幕文本每次移动距离
scrolldealy	前段字幕文本延迟多少毫秒后重新开始移动文本
loop	滚动次数

2. 插入背景音乐标记

语法：

```
< bgsound  src=文件位置  loop=0|1|-1...>
```

说明：

< bgsound >标记所具有的主要属性如表2-12所示。

表2-12 < bgsound >标记的主要属性

属性名称	说　　明
blance	将音乐分成左右声道
loop	声音播放的次数
src	播放声音的源文件
volume	音量高低

2.9.3　拓展训练——制作"字幕滚动"网页

例2-31：完成图2-34站点公告中的字幕效果。设置文本从下向上移动。（本例素材是ch2/2-29/files/indexa.htm。）

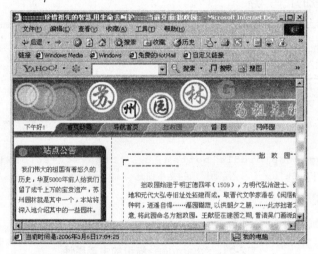

图2-34　苏州园林（字幕标记）

操作要点提示：

1）在字幕标记内设置文本从下向上移动，即direction=up。

2）设置当鼠标移到文本上时文本停止移动，即onmouseover=stop()。

3）设置当鼠标离开文本时文本继续移动，即onmouseout=start()。

4）字幕文本每次移动距离为1像素，即scrollamount=1。

2.10　层叠样式表CSS

2.10.1　制作"小新文化"网页

例2-32：使用CSS来完成图2-35整个页面文字的修饰，将"小新经典故事"链接的下划线去掉，当激活链接后加删除线。

图2-35 小新文化（CSS控制）网页效果图

操作步骤如下：

1）打开EditPlus编辑器。

2）整个页面文字效果使用CSS来控制。代码如下：

```
<style type="text/css">        '定义样式起始标记
<!---
td {font-size: 20px;color: orange;font-family: "黑体";background-color: yellow;}
.ys1 {font-size: 24px;font-weight: bold;color: blue;background-color: lime;}
'定义td标记及ys1样式的各种属性。
a:link { text-decoration: none}               'a:link指正常的未被访问过的链接，text-
decoration是文字修饰效果，none参数表示使有超链接的文字不显示下划线
a:active { text-decoration: blink }
a:visited { text-decoration: line-through }        'a:visited指已经访问过的链接，line-
through 参数表示使已经访问过的链接文字加删除线


--->
</style>                '定义样式结束标记
```

3）如何使用已定义的样式，代码如下：

```
 <table width="68%" border="1">
  <tr>
    <td width="48%"><a href="#">小新经典故事--td样式&lt;&lt;</td>        ' 应用CSS样式定
义中的td标记的所有属性，使有超链接的文字不显示删除线
    <td colspan="2">小新快乐动画&lt;&lt;</td>        '使用td标记定义的样式
  </tr>
  <tr>
    <td>小新经典对白&lt;&lt</td>
    <td colspan="2"><a href="#">小新的期盼&lt;&lt;</td>
  </tr>
  <tr>
    <td  class="ys1">小新酷酷音乐&lt;&lt;</td>        '使用ys定义的样式
    <td colspan="2"  class="ys1"><a href="#">小新的可爱&lt;&lt;</td>
  </tr>
</table>
```

4）保存并预览网页效果如图2-35所示。

说明：

• 通过CSS可以控制任何HTML标签的风格。如td,p,h2,h1{font-size: 20px;color: orange;font-family: "黑体";background-color: yellow;}将它们写在一起，减少多余代码。

- 上面的CSS格式里，td称为"选择对象"，font-size以及color等称为"属性"，属性后面的称为"参数"。
- td,p,h2,h1{ font-family: "Arial"; font-size: 12pt; color: #ffFFf6} 定义td,p,h2,h1标记所具有的各种属性。

例2-33：使用Alpha设计图像透明渐变的滤镜效果，如图2-36所示。

图2-36 滤镜效果

操作要点提示：

1）定义样式。

```
<style type="text/css">
<!--
.alpha1 {filter: alpha(opacity=70, style=2); }
.alpha2 {filter: alpha(opacity=70, style=0); }
-->
</style>
```

2）使用样式。

```
<img src="../pic/1-8.jpg" width="150" height="100" class="alpha1">
<img src="../pic/1-8.jpg" width="150" height="100" class="alpha2"> </P>
```

2.10.2　知识讲解——层叠样式表

CSS就是一种叫做样式表（stylesheet）的技术，也称为层叠样式表（Cascading Stylesheet）。在制作主页时采用CSS技术可以有效地对页面的布局、字体、颜色、背景和其他效果实现更加精确的控制。只要对相应的代码做一些简单的修改，就可以改变同一页面的不同部分，或者页数不同的网页的外观和格式。

1. 创建并应用CSS样式

1）样式的定义。

一个样式表是由许多样式规则组成的，样式表的核心是规则，它的基本规则如下：样式名{属性1：值1；属性2：值2 ……}。

例：

.ys1 {font-size: 24px;font-weight: bold; color: blue;background-color: lime;}定义了名为ys1的样式：字体的大小为24像素，粗体，文字颜色为蓝色，背景色为橙色。

p {font-size: 20px;color: red; font-family: " 黑体 ";}为p标记符重新定义了样式：字体大小

为20像素，红色字，字体为"黑体"。

2）样式的应用。

将class="样式名"加入到要应用样式的标记中即可应用样式。

如例2-32中\<td class="ys1">，它说明在td标记内应用ys1样式。如果样式本身就是 HTML 标记符，样式会直接应用而不需要使用class属性，如td样式。

3）样式的分类。

从样式的定义看，比较常见的样式可分为以下两种：

自定义样式：如例2-32中的ys1样式，这种样式名前面一定要加"."符号（如.ys1），应用时需要使用class属性。

重定义HTML标记：如上例中的td样式，样式名就是HTML标记符\<td>，前面不需要加"."符号。定义后可以直接应用，也不需要使用class属性。

4）CSS的属性。

从CSS的基本语句可以看出，属性是CSS非常重要的部分。CSS的属性大多源于HTML格式设置的相关属性，可分为不同类别，如字体属性、颜色和背景属性、文本属性、边距属性等。

2. 使用文档内样式表

CSS样式表一般使用以下三种方法加入到网页中。

• 将样式表嵌入到HTML文件的文件头中。

• 将样式表直接加入到HTML代码行中。

• 将一个外部样式表链接到HTML文件中。

1）把样式表嵌入文件头。

这种方法是将样式表加入到文件头\<HEAD>\</HEAD>中，浏览器在这个HTML网页中执行该样式规则。如果想对单个网页应用样式表，就可采用该方法。

2）在行内直接加入样式。

可以直接在HTML代码行中加入样式规则。这种行内样式只应用于包含它的标记内，对页面上其他任何标记不起作用。其语法规则为：

```
< 标记名称 style=" 属性 1 : 值 1 ; 属性 2 : 值 2 …… ">
```

3）链接外部样式表。

当多个网页需要具有相同样式时，可以使用样式文件把设定的样式集中保存起来，以使多个网页共享该样式文件。

链接外部样式表的方法：

1）先编写一个CSS文件，写入各样式规则，文件扩展名为css。

2）打开需要应用样式表的文件，在\<HEAD>\</HEAD>内使用\<LINK>标记，链接定义好的 CSS 文件。

\<LINK>的基本语法为：\<LINK href="CSS文件 " rel="stylesheet" type="text/css">。

href属性指定要链接的外部样式表文件的URL。rel和type是对CSS文件的类型说明。

3. 使用CSS设置超链接

使用CSS，可以通过网页链接标记\<A>来设置网页链接文字的样式。语法说明见表2-13。

表2-13　网页链接的CSS语法说明

样　　式	说　　明
a:link	普通（尚未链接过的）超链接文字的样式
a:visited	已链接过的超链接文字的样式
a:active	当前活动链接文字所显示的样式
a:hover	当鼠标指向超链接文字上方时，超链接文字所显示的样式
a	超链接的统一设置，适用于各种链接

在网页链接的CSS设置中，可设置超链接文字的颜色、字体、字号和字形、背景等样式属性，以改变链接文字的效果。

如果需要使超链接的文字不出现下划线，可以在\<head>和\</head>之间加上如下的CSS语法控制，具体见实例2-32。

```
<style type="text/css">
<!-
a:link { text-decoration: none}
a:active { text-decoration: none }
a:visited { text-decoration: none }
-->
</style>
```

注意：

text-decoration是文字修饰效果的意思，none参数表示使有超级链接的文字不显示下划线。如果将none替换成underline就表示有下划线，换成overline则给超链文字加上划线，换成 line-through则给超链接文字加上删除线，blink则使文字闪烁。

4．使用CSS滤镜

滤镜是CSS最精彩的部分，它将把我们带入绚丽多姿的多媒体世界。CSS提供了一些内置的多媒体滤镜特效，使用这种技术可以把可视化的滤镜和转换效果添加到一个标准的HTML元素上，例如图片、文本容器等。

CSS滤镜属性的标记符是filter。

书写格式如下：

filter：滤镜属性名（滤镜参数）

filter是滤镜属性选择符。滤镜属性名包括 alpha、blur、chroma等多种滤镜属性，每种滤镜都有其相应的参数。我们仅以Alpha来介绍滤镜的简单应用，如实例所示。

2.10.3　拓展训练——制作"雪在江湖"网页

例2-34：将例2-15使用链接外部样式表，达到如图2-37所示的文字效果。

操作要点提示：

1）在程序的头标记部分增加\<link href="c1.css" rel="stylesheet" type="text/css">，链接外部C1.CSS文件。

2）C1.CSS文件内容如下：

```
li {
```

```
    font-size: 25px;
    color: red;
    font-family: "隶书";
}
```

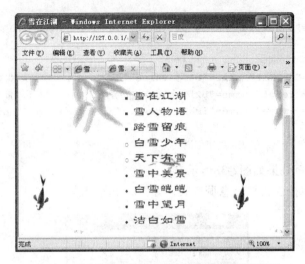

图2-37 雪在江湖（链接外部样式表)网页效果图

2.11 设计网页表单

表单在网页中用于获得用户信息，使网页具有交互功能。用户在网页表单中填写完信息后进行提交表单操作，表单的内容就从客户端的浏览器传送到服务器上，经过Web服务器上的ASP或CGI等程序处理后，再将用户所需信息传送回客户端的浏览器上，这样网页就具有了交互性。

2.11.1 制作"用户个人信息"表单

例2-35：使用文本框、密码域及各种按钮，设计一个用户个人信息表单，如图2-38所示。

图2-38 "个人信息表"网页效果图

操作步骤如下：

1）打开EditPlus编辑器。

2）个人信息表单部分的代码如下：

```
<form action="2-35-1.asp" method="post" name="f1" target="_self">      '表单起始标记
    <p>姓名：
        <input type="text" name="t1" value="user" size="16" maxlength="20">'输入框标记
    </p>
    <p>密码：
        <input type="password" name="p1" size="16" maxlength="20">          '输入框标记
    </p>
    <p>
        <input type="submit" name="b1"  value="提交">                      '提交按钮标记
        <input type="reset" name="b2" value="重写">                       '重写按钮标记
        <input type="image" name="img1" src="../pic/sousuo.gif" border="0">
    </p>
</form>                          '表单结束标记
```

3）保存并预览网页效果如图2-38所示。

例2-36：使用表单控件设计信息调查表，如图2-39所示。

图2-39   "学生爱好调查表"网页效果图

操作步骤如下：

1）打开EditPlus编辑器。

2）学生爱好调查表部分的代码如下：

```
<form action="2-35-1.asp" method="post" name="f1" target="_self">
<p>性别：<input type="radio" name="xb" value="男" checked>男
<input type="radio" name="xb" value="女">女 </p>
<p>爱好：<input type="checkbox" name="ah" value="读书" checked>读书
<input type="checkbox" name="ah" value="上网">上网
<input type="checkbox" name="ah" value="电视">电视
<input type="checkbox" name="ah" value="其他">其他 </p>
<p> <input type="submit" name="b1"  value="提交">
<input type="reset" name="b2" value="重写">  </p>
</form>
```

3）保存并预览网页效果如图2-39所示。

2.11.2　知识讲解——表单

1. 创建交互表单

在HTML中，<FORM>…</FORM>标记对用于创建一个表单。

语法：

```
<FORM  action="……"method="……">
…
</FORM>
```

说明：

<FORM>标记最常见的属性是：

- action：指定要接收并且处理表单数据的服务器端程序的URL。
- method：定义表单数据提交并传输到服务器的方式。可取值为get或post。
- get：将表单数据附加到请求该页的URL，即将FORM的输入信息作为字符串附加到
  action所设定的URL后面，中间用"？"隔开。同时URL的长度限定在8192个字符以内。
- post：在HTTP请求中嵌入表单数据。这种方式传送的数据量要比使用get方式大得多。
- target：指定表单处理文件的打开窗口，其取值可以为：_blank、_parent、_self、_top或
  指定窗口名称。
- name：指定表单的名称。命名表单后，可以使用脚本语言来引用或控制该表单。

如<FORM name="f1" action="2-35-1.asp" method="post" target="_blank"> … </FORM>表示建立一个表单，名称为f1，表单处理程序为2-35-1.asp，提交方式为post，在空窗口打开。

仅仅使用表单一般很难完成用户信息的输入，表单中通常包含允许用户进行交互的各种控件，例如文本框、列表框、复选框和单选按钮等。

2. 插入输入型表单对象

<INPUT>是一个单向标记，是浏览者输入信息时所用的标记，用于创建各种输入型表单控件。

1）输入型表单的语法：

```
<input type=" " name=" " value=" " size=" "maxlength=" " checked=" ">
```

2）插入单行文本框。

若要获取站点访问者提供的少量信息，可以在表单中添加单行文本框。其type属性指定为text。

说明：

文本框的其他属性的含义为：

- name：指定文本框的名称。
- value：指定文本框的初始值，如不指定则初始为空，一般由用户自行输入。
- size：指定文本框的宽度，默认值为20，以字节为单位。
- maxlength：指定允许在文本框内输入的最大字符数。

例：<INPUT type="text" name="t1" value="user" size="16" maxlength="20">

提交表单时，文本框的"名称-值"（name-value）会包含在表单结果中提交给相应处理程

序。对于任何一个表单控件来说，它的"名称-值"都是最重要的提交信息。

3）插入密码域。

如果用户要输入密码或不想显示的内容，可以在表单中添加密码域。密码域的type属性指定为password。

密码域的其他属性与text完全相同，即name、value、size、maxlength属性。

例：<INPUT type="password" name="p1" size="16" maxlength="20">

4）插入按钮。

使用<INPUT>标记可以在表单中添加三种常见的按钮：提交按钮、重置按钮和普通按钮。

说明：

- type：指定按钮的类型，取值可以是：
  - submit：创建一个提交按钮，是用于将表单内容提交给服务器的按钮。
  - reset：创建一个重置按钮，是将表单内容全部清除，便于重新填写的按钮。
  - button：创建一个普通按钮，通常与OnClick事件结合执行编写好的脚本程序。
- name：按钮的名称。
- value：显示在按钮上的标题文本。

例：<INPUT type="submit" name="b1" value=" 提交 ">

<INPUT type="reset" name="b2" value=" 重置 ">

<INPUT type="button" name="b3" value=" 按钮 ">

5）插入图像按钮。

当type=image时，可以在表单中插入一个图像作为提交按钮使用。

image类型中的src属性是必需的，它用于设置图像文件的路径。当然，它也包含一般<INPUT>输入型表单控件都具有的name和value属性，以作为提交信息。除此之外，很多在图像标记<IMG>中使用的属性也可在图像按钮中使用，如width、height等。

6）插入单选按钮。

当需要用户从一组选项中选择一个时，可以将type属性设置为radio。这样就可以在表单中插入单选按钮。一个单选按钮组可以包含多个单选按钮，但是一次只能选择其中一个。

说明：

单选按钮的其他属性为：

- name：单选按钮的名称。作为一个单选按钮组，各个单选按钮的名称必须是相同的，在该组中只能选中一个选项。如果单选按钮的名称不同，则不属于同一组，可同时选择。
- value：指定提交时的值。由于一个单选按钮组中的各个单选按钮的名称是相同的，所以其value值必须不同。
- checked：可选属性，如果设置该属性，则该单选按钮将处于选中状态，一个单选按钮组只能有一个按钮设置这个属性。

例：性别: <INPUT type="radio" name="xb" value=" 男 " checked> 男

<INPUT type="radio" name="xb" value=" 女 "> 女

7）插入复选框。

如果将type属性设置为checkbox，这就表示是一个复选框。复选框一般也为一组，但与单选按钮不同的是，它可以选择一项或多项。复选框也具有name、value、checked属性。

8）插入文件域。

文件域是由一个文本框和一个"浏览"按钮组成，它一般用于文件上传。用户可以在文本框中输入文件的路径和文件名，也可以单击"浏览"按钮从磁盘上查找和选择所需文件。其type属性设置为file。

文件域的属性有name、value、size、maxlength。其中name属性指定文件域的名称，value属性给出初始文件名，size属性指定文本框的宽度，maxlength为文本框的最大宽度。

9）插入隐藏域。

若将type属性设置为hidden，则可以在表单中添加隐藏域。隐藏域不会显示在表单中，所以用户不能在其中输入信息。除了type属性外，它只有name和value两个属性。

例：<INPUT type="hidden" name="h1" value="1">

如果用同一个处理程序处理多个表单，就可以根据隐藏域的不同取值来区分各个表单。

3. 使用其他表单对象

1）插入多行文本框。

语法：

<TEXTAREA></TEXTAREA> 标记用于创建一个可以输入多行的文本框，此标记对用于 <FORM> 和 </FORM> 标记对之间。

说明：

常见属性如下：

• name：多行文本框的名称。

• cols、rows：设置文本框的列数（以字符数为单位）和行数。

• readonly：无属性值，设定文本框为只读。

例：<TEXTAREA name="textarea" cols="50" rows="6" > 请留言!</TEXTAREA>

2）插入选项菜单。

创建选项菜单（下拉菜单或列表菜单），应在<FORM>和</FORM>之间添加<SELECT>标记，并使用<OPTION>标记列出每个选项。

语法：

```
<SELECT>
<OPTION > 选项 1</OPTION>
<OPTION> 选项 2</OPTION>
…
</SELECT>
```

说明：

<SELECT>标记的属性：

• name：如果<SELECT>只具有name属性，则这是一个下拉菜单，只显示一行选项。若有一个下拉箭头，单击则显示所有选项，但只能选择一个选项。

• size和multiple属性：列表菜单才具有这两个属性。其中size属性用于设置列表框的高度，缺省时值为1。multiple属性不用赋值，它表示列表框可多选。

<OPTION>标记用于设定列表菜单中的一个选项，它放在<SELECT></SELECT>标记对之间。此标记具有selected和value属性。

• value：设定本选项的值。

• selected：指定该选项的初始状态为选中。

4. 提交处理表单

用户填写完表单数据后，单击"提交"按钮即可将表单数据提交给服务器端的表单处理程序。

提交方式决定于FORM标记的method属性：get方法和post方法。

FORM标记的action属性指定表单处理程序，服务器端脚本（CGI、ASP或JSP等）常作为表单处理程序。

注意：

如果action属性设置为mailto:邮箱名，同时enctype属性设为"text/plain"，则表单中所填写的信息会直接发送到指定的邮箱。

例：<FORM action="mailto:yunhai@sohu.com" method="post" enctype="text/plain" >

2.11.3 拓展训练——注册表单

例2-37：请使用表单的各种标记及属性做出如图2-40所示的网页效果。

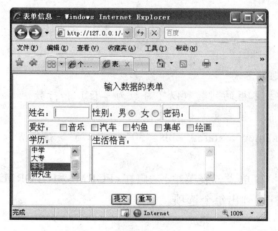

图2-40 表单信息网页效果图

操作要点提示：

1）密码输入框代码为：密码：<input type="password" name="mm" size=12>。

2）"爱好"多选按钮部分代码：

```
<input type="checkbox" name="ah" value="音乐">音乐
<input type="checkbox" name="ah" value="汽车">汽车
<input type="checkbox" name="ah" value="钓鱼">钓鱼
<input type="checkbox" name="ah" value="集邮">集邮
<input type="checkbox" name="ah" value="绘画">绘画
```

3）"学历"选项菜单部分的代码：

```
<select name="xl" style="width:100px" size=4>
<option value="小学">小学
<option value="中学">中学
```

```
<option value="大专">大专
<option value="本科" selected>本科
<option value="研究生">研究生
```

上机实训2　使用HTML语言编程

目的与要求：

练习并掌握HTML各种标记的使用。

上机内容：

（1）请在空白处添加适当的内容，完成lx2-1.htm，以实现如图2-41所示的效果。

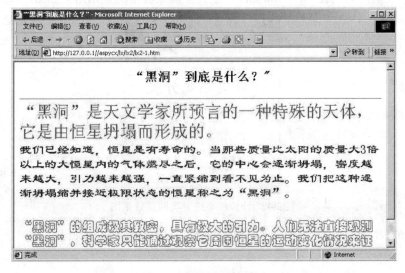

图2-41　黑洞网页效果图

1）请在空白①处添加水平线标记。

2）请在空白②处设置使第二段文字颜色为蓝色。

3）请在空白③处添加分段标记或连续换行标记。

4）请在空白④处设置将这段文字"'黑洞'的组成极其致密……运动变化情况来证明它的存在。"字体设为"华文彩云"。

```
<html>
<head>
<title>""黑洞"到底是什么？"</title>
</head>
<body>
<h2    align=center>"黑洞"到底是什么？"</h2>
           ①
<FONT size=6    face=宋体    color=red >"黑洞"是天文学家所预言的一种特殊的天体，它是由恒星坍
塌而形成的。</font><br>
<font size=5    face=隶书    color=      ②      >人类已经知道，恒星是有寿命的。当那些质量比太阳
的质量大3倍以上的大恒星内的气体燃尽之后，它的中心会逐渐坍塌，密度越来越大，引力越来越强，一直紧缩到看
不见为止。把这种逐渐坍塌缩并接近极限状态的恒星称之为"黑洞"。   </font>
           ③
```

```
<font size=5  face=    ④    color=green >"黑洞"的组成极其致密，具有极大的引力。人们
无法直接观测"黑洞"，科学家只能通过观察它周围恒星的运动变化情况来证明它的存在。
</font>
</body>
</html>
```

（2）请用一张图片做第1题的（lx2-1.htm）网页背景，然后以lx2-2.htm存盘，并在浏览器中显示执行结果。

（3）请在lx2-2.htm中建立页面内的链接。在页面最后加入"返回"，当点击"返回"后，页面跳到本页标题处。然后以lx2-3.htm存盘，并在浏览器中显示执行结果。

（4）请修改下面的列表lx2-4.htm文件，使其在浏览器中的显示结果如图2-42所示。

图2-42　计算机系统分类网页效果图

lx2-4.htm文件如下：

```
<html>
<head>
<title>计算机系统分类</title>
</head>
<body>
<h1   align=center>计算机系统分类</h1>
<ol>
   <li>硬件系统
     <ol   type=A>
      <li>外部设备
      <li>运算器
       <li>控制器
         <li>存储器
      </ol>
   <li>软件系统
</ol>
<h1   align=center>软件系统</h1>
<ol   type=A>
   <li>系统软件
   <li>应用软件
</ol>
</body>
</html>
```

（5）请补充下列HTML文件lx2-5.htm，制作出如图2-43所示的课程表。

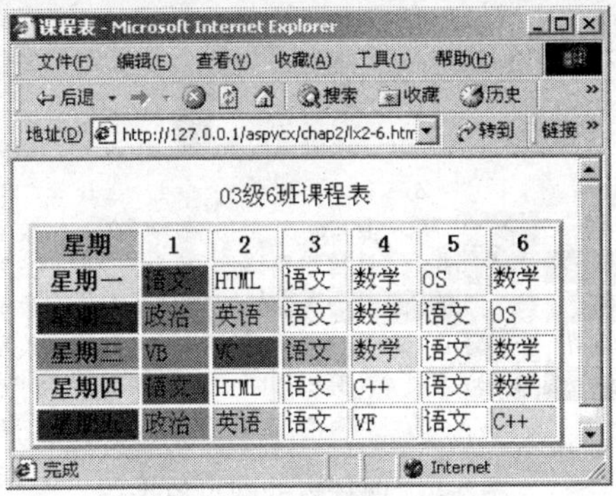

图2-43　课程表的网页效果图

lx2-5.htm文件如下：

```
<html>
<head>
<title>课程表</title>
</head>
<body>
<table border=3 width=100%>
    <caption>03级6班课程表</caption>
    <tr><th bgcolor=#FF999b>星期<th>1<th>2<th>3<th>4<th>5<th>6</tr>
     <tr><th bgcolor=#FFFF00>星期一<td bgcolor=#00567f>语文<td>HTML<td>语文<td>数
     学<td>OS<td>数学</tr>
    <tr><th bgcolor=#0000ff>星期二<td bgcolor=#cb55cc>政治<td bgcolor=#00ffff>英语
    <td>语文<td>数学<td>语文<td>OS</tr>
    <tr><th     bgcolor=#7f7f7f>星 期 三 <td     bgcolor=#33aa00>VB<td
    bgcolor=#00567f>VC<td bgcolor=#FF999b  >语文<td bgcolor=#FFFF00>C++</tr>
...
</table>
</body>
</html>
```

（6）请在EditPlus编辑器中复制第5题中的HTML文件，并修改第5题中的表格，最后以lx2-5-1.htm存到ASPYCX/ch2/lx目录下。

1）将标题改为"03级计算机网络6班课程表"。

2）请将表格在网页中的位置居右显示。

3）请将表格中表头字段（第一行、第一列）的背景颜色修改为粉红色（代码为：#ffc0cb）。

4）在表格上方插入一张图片（请在源程序中找。位置：aspycx/ch2/lx/pic/020.gif）。

5）请做出一个和第5题一样的课程表，但表格中无边框。并将课程表中所有"语文"课修改成"JAVA"。修改后在浏览器中的显示效果如图2-44所示。

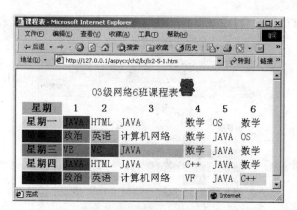

图2-44 课程表的网页效果图

（7）请按要求完成下面的lx2-8-1.htm文件，执行lx2-8后在浏览器中显示效果如图2-45所示，利用框架标记已建立一个左右窗口的页面文件（lx2-8.htm），要求左窗口的HTML文件（lx2-8-1.htm）是3个超链接，点击每一个超链接，其链接文件应在右下的窗口中显示出来。

1）在lx2-8-1.htm中三首诗链接文件分别为3-1.htm、3-2.htm和3-3.htm，请仿照CH2目录中下的3-1.htm文件，完成并编写出3-2.htm和3-3.htm文件。

2）完成左框架中的文件lx2-8-1.htm，并按题目要求建好框架间的链接。

框架文件lx2-8.htm如下：

```
<html>
<head>
<title>唐诗欣赏</title>
</head>
<frameset cols=1,3>
    <frame name="contents" src=../chap2/lx2-8-1.htm>
    <frame name="main" src=../pic/flower.jpg>
</frameset>
</html>
```

其中3-1.htm文件如下：

```
<html>
<head>
<title>静夜思</title>
</head>
<body>
    <h1>静夜思</h1>
<h3>李白</h3>
<ol  type=A>
    <li>床前明月光，
    <li>疑是地上霜。
    <li>举头望明月，
    <li>低头思故乡。
</ol>
</body>
</html>
```

图2-45　唐诗欣赏网页效果图

（8）综合题：修改lx2-8-1.htm文件后另存为lx2-9.htm，使其在浏览器中显示效果如图2-46所示。

1）请将lx2-8-1.htm文件中的各项放入表格内。

2）加上表格标题为"唐诗欣赏"字体为5，颜色为红色。

3）请设置表格宽为200像素、高为130像素。

4）表格字段背景设置不同的颜色。

5）整个表格在网页中居中显示。

图2-46　唐诗欣赏网页效果图

（9）请依照例2-37的代码制作如图2-47所示注册表单网页效果图。

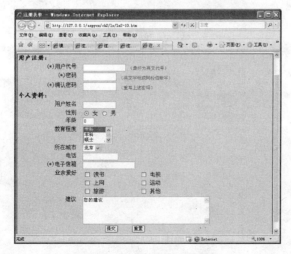

图2-47　注册表单网页效果图

思考与练习

一、简答题

1. 请说明简单的HTML文件结构的主要标记，书写时应注意哪些问题？
2. 请简要说明什么是超链接，创建页面内的链接与跨文件、跨网络链接的区别是什么？
3. 说明列表项的种类。
4. 请写出表格和框架的属性。
5. 请说出自动刷新页面时应注意哪些问题。
6. 请举例说明CSS的主要特点

二、上机操作

请使用HTML语言制作一个人主页。要求：

1）使用表格设计整体布局。
2）页面整体色彩和谐、美观、大方。
3）使用CSS样式来设计段落或表内文字效果。
4）加入注册会员表单。

第3章　VBScript编程语言（一）

本章要点：

- 变量、常量、数组的声明、赋值、引用和命名规则
- 运算符及函数的应用
- 语句的书写规则

本章任务：

熟练理解并掌握VBScript语言的基本元素；掌握并灵活使用常用函数来解决实际问题。

3.1　VBScript语言的基本元素

脚本语言就是介于HTML语言和VB（Visual Basic）、C++等高级语言之间的一种语言。它更接近于高级语言，但却比高级语言简单易学，当然也不完全具有高级语言的强大功能。

第1章曾讲到，在ASP程序中默认的脚本语言是VBScript，通过在HTML网页中加入VBScript脚本，可以使静态HTML网页成为动态网页。

3.1.1　制作"小学生学数学"网页

例3-1： 输入圆的半径，计算圆的面积。网页显示效果如图3-1所示。

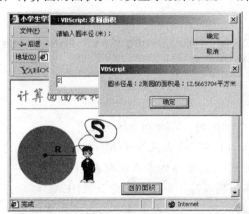

图3-1　小学生学数学（VBScript基本元素）网页效果图

在例3-1中，鼠标点击"圆的面积"按钮，则弹出输入圆半径的对话框，输入数值后，点击"确定"按钮，弹出圆的面积的提示框。

操作步骤如下：

1）打开EditPlus编辑器。

2）在编辑器中书写如下代码：

```
<html>
<head>
<title>小学生学数学</title>
</head>
<body>
<font color="#996690" size="5" face="华文行楷">计算圆面积和体积</font>
<hr>
    <img src="../pic/student.gif" width="300" height="200">
    <input type="button" name="button1"  value="圆的面积">
  <script for="button1" event="onclick"
  language="vbscript">                           ' 脚本语言的起始标记
     const  pi=3.1415926                        '定义常量pi
     r = inputbox("请输入圆半径(米)：","求圆面积",0)'使用输入框提示输入半径(后边函数部分会讲)
     s=pi*r^2                                    '定义变量S
      msgbox("圆半径是："& r& "则圆的面积是：" & s & "平方米")'提示框(后边函数部分会讲)
  </script>                                      '脚本语言的结束标记
</body>
</html>
```

3）将文件保存为3-1.asp。

4）在浏览器中的运行效果如图3-1所示。

3.1.2   知识讲解——VBScript语言的基本元素

1. VBScript代码的基本格式

通过上一小节的学习我们已经知道，一般的ASP程序都是将VBScript代码放在服务器端执行的。它有两种写法：

语法一：<%   VBScript代码   %>

这是我们经常使用的方法。

语法二：<Script Language=" VBScript" Runat="Server/Client">
           VBScript代码

</Script >

提示：

1）VBScript代码写在<Script >…</Script >标记之间。

2）标记<Script >…</Script >可以出现在HTML文件的任何地方。有时为了使所有的脚本代码集中放置，最好将所有的一般目标脚本代码放在HEAD部分中，便于服务器读取并解码。但是当脚本代码作为对象事件代码时，则不必把它放在HEAD部分，可以就近放在对象附近。

3）Language属性用于指定所使用的脚本语言。由于浏览器能够使用多种脚本语言，所以必须在此指定是哪一种脚本语言。

4）Runat属性用于指定ASP程序是在服务器端执行还是在客户端执行。

2. VBScript数据类型

在我们以前学过的高级语言中，有许多种不同的数据类型，但是VBScript只有一种数据类型，称为Variant（变体类型）。因此它也是VBScript中所有函数的返回值的数据类型。Variant是一种特殊的数据类型，根据不同的使用方式，Variant类型可以在不同场合代表不同类型的数据，如字符串、整数、日期等。这些不同的数据类别称为数据子类型，如表3-1所示。

表3-1　Variant包含的数据子类型

子 类 型	描　　述
Empty	未初始化的变量。对于数值变量，值为0；对于字符串变量，值为一个零长度的字符串（""）
Null	不包含任何有效数据的变量
Boolean	值为True和False
Byte	值为0~255的整数
Integer	值为-32 768~32 767的整数
Currency	值为-922 337 203 685 477.580 8~922 337 203 685 477.580 7
Long	值为-2 147 483 648~-2 147 483 647的整数
Single	值为单精度浮点数，负数范围为-3.402 823E38~-1.401 298E-45，正数范围为1.401 298E-45~3.402 823E38
Double	值为双精度数，负数范围为-1.797 693 134 862 32E308~-4.940 656 458 412 47E-324，正数范围为4.940 656 458 412 47E-324~1.797 693 134 862 32E308
Date(time)	代表某个日期和时间的数字
String	包含变长的字符串，最大长度可为20亿个字符
Object	包含一个对象
Error	包含错误号

一般情况下，变量会将其代表的数据子类型进行自动转换，但有时候也会遇到一些数据类型不匹配造成的错误，就像一把椅子加一条狗等于什么的错误。这时，可以使用VBScript的转换函数来强制转换数据的子类型。另外，还可用VarType函数返回数据的子类型。

3. VBScript常量

常量是具有一定含义的名称，用于代替数值或字符串等的常数，其值从不改变。声明常量的目的在于可以在程序的任何部分使用该常量来代表特定的数值，从而方便编程。例如，在计算机程序中常用PI来表示3.141 592 6，这样既不易出错，也使程序更清晰。

（1）常量的分类

在VBScript中，常量分为：

1）文字常量。它包括：

• 字符串常量，比如"计算机网络"、"网络操作系统"等。

• 数值常量，比如"1"、"78"、"10000"等。

• 日期时间型常量，比如"8:10"、"04-8-10"等。

2）符号常量。符号常量是用一个标识符表示的常量，用于代替数字或字符串。VBScript提供了许多预定义的符号常量，用户也可自定义符号常量。比如：vbCrLf表示回车符和换行符的组合，vbGreen表示绿色的数值。

（2）常量的命名规则

1）常量名第一个字母必须是英文字母。

2）常量命名可以使用字母、数字、下划线等字符。

3）中间不能有标点符号和运算符号。

4）长度不能超过255个字符。

比如："A2-3"、"x23"、"x1_2"、"abc"、"BCD"是合法的常量名，而"_abc"、"1_a"
"2_abc"是不合法的常量名。

提示：

常量命名时，不能使用VBScript的关键字作为常量名，所谓关键字就是DIM、SUB、
END、REQUEST、REQUIRE等一些特定的字符串。

当然，我们在编程时，最好采用一个科学的命名规则，即一看就知道这个是常量。可用
CONS作为常量名的前缀，但是名字不要过长，名字较长时可以用下划线或大小写等区分。

（3）声明常量

语法：

```
[Private|Public] Const <常量名>=<表达式>
```

说明：

• Private语句常量只能在声明该常量的脚本中使用。它是局部（私有）常量。

• Public语句常量用于全部脚本中的所有过程。它是全局常量。

• <表达式>是必选项，为文字或其他常数。

• <常量名>是必选项，为常量的名称，要依据常量命名规则命名。

示例：

```
<%
Const   constdate=#2004-8-24#        '用##表示日期常数或时间常数
Const   conststring="圆周率"          '用""表示字符串型常数
Const   PI=3.1415926                 '用熟知的字母表示数值型常数
%>
```

常量一经声明，在程序的其他地方就可以直接使用。例如：

```
<%
  Contt  PI=3.1415926
  S=PI*R^2                           '计算机半径为R的圆的面积
  V= PI*R^3                          '计算机半径为R的圆的体积
%>
```

（4）常量的作用域

VBScript常量的作用域分为（1）过程级常量（局部常量）和（2）全局级常量（脚本级
常量）。

常量的作用域的声明由它的位置决定。如果是在一个子程序或函数里声明的常量，则它只
在该过程里有效，这样的常量叫做过程级常量。反之，在整个网页里有效的常量叫做全局级常
量。如果要在不同的网页之间传递数据，只能利用VBScript的Session对象或其他方法，这些以
后会讲到。

4. VBScript变量

变量用于引用计算机内存地址，该地址可以存储脚本运行时可更改的程序信息。它与常量
的最大区别是，常量一经声明（定义）其值就不能改变了，而变量在声明后仍可随时对其值进
行修改。例如，在网页上常有浏览次数一项，这就是通过定义一个变量来计次，并在网页上显

示。当然，我们并不需要知道变量在内存中的地址，只要通过变量名引用变量就可查看或改变变量的值。在VBScript中所有变量类型都是Variant。

（1）变量的命名规则

变量的命名规则和常量一样，变量命名必须遵循VBScript的标准命名规则：

1）第一个字符必须是字母。

2）不能包含嵌入的句点。

3）长度不能超过255个字符。

4）在被声明的作用域内必须唯一。

（2）声明变量

同大多数高级语言一样，使用Dim语句、Public语句、Private语句在脚本中显式声明变量。

语法：

```
{Dim | Private | Public}<变量名>[,<变量2>][,<变量3>]
```

说明：

• Dim声明的Script级变量可用于脚本中的所有过程——过程级变量。

• Private语句变量只能在声明该变量的脚本中使用——局部（私有）变量。

• Public语句变量用于全部脚本中的所有过程——全局变量。

示例：

```
<%
Dim  a                  '声明一个变量
Dim  b,e,f ,g,h,I        '声明多个变量，用逗号隔开
%>
```

另一种方式是，使用变量之前先不预先声明它，赋值后将自动声明，这种方式叫隐式声明变量。这样看起来方便，其实很麻烦，如果不小心拼错了变量名，就会出现一个新的变量，而导致程序运行错误。因此，建议大家最好使用显式声明变量，并将其放在所有语句之前（即起始语句）提前声明。否则，该语句将被视为非法语句。

（3）变量的作用域

变量被声明后不是在任何地方都可以使用，每个变量都有它的作用域，作用域是指程序中哪些代码能引用变量。

VBScript变量的作用域分为过程变量（局部变量）和全局变量（脚本变量）。

变量作用域的声明由它的位置决定。在过程内部声明的变量称为过程变量或局部变量，这样的变量只有在声明它们的过程中才能使用，即无法在过程外部访问；在过程外部声明的变量称为脚本变量或全局变量，即在同一个程序文件中的任何脚本命令均可访问和修改该变量的值。过程变量和脚本变量可以同名，修改其中一个变量的值，不会影响另一个变量的值。

（4）给变量赋值

和高级语言一样，使用赋值语句可以将指定的值赋给某个变量。赋值语句的一般格式为：

```
<名称>=<值>
```

说明：

• <值>可以是任何数值、文字、字符串、常数或表达式。

- 赋值语句是先计算表达式的值，然后再赋值。
- "="不是数学上的等号，而是赋值号，将数值赋给变量名或使变量等于某值。

示例：

```
<%
Dim A,B,C              '声明3个变量
A=4                    '将数值4赋给变量A或使变量A的值等于4
B=3
%>
```

5. 数组变量

在VBScript中，把具有相同名字、不同下标值的一组变量称为数组变量，简称数组。在一个数组中通常包含了许多元素，每个元素都有一个值，这些元素都是以数组的变量名称和元素本身的索引来命名。我们可以把数组想象成一个大厦，而每个元素就像是每一个房间，其对应关系如表3-2所示。

表3-2　数据和元素之间的对应关系

元　　素	房间号1	房间号2	房间号3	房间号4	房间号5
值（人数）	30	29	10	40	30

数组的命名、赋值和引用与VBScript常量和变量基本一样，不再赘述。下面我们来学习数组的声明。

（1）数组的类型

数组分为固定数组和动态数组。下面我们会具体讲到这两种数组。

（2）数组的声明

数组的声明和变量的声明基本一致，只是在声明数组变量时变量名后带括号。

语法：

{ Dim | Private | Public | ReDim}<变量名>(<维数>)[,<变量名2>(<维数2>)]…

说明：

- <维数>是指数组变量的维数，最多可以声明60维的数组。维数参数使用以下的语法：

（上界）[,（下界2）]...

- 数组的下界默认从0开始。比如：Dim A(3)共有4个元素，分别是A0、A1、A2、A3。这种数组元素个数固定，我们称它为固定数组。
- 数组的维数并不只是一维，最大可以是60维。声明多维数时用逗号分隔每个表示数组大小的数字。比如：Dim B(8,7) 表示一个二维数组，有8行7列。

（3）动态数组

动态数组相对于上面讲到的固定数组来说，就是它的元素个数在运行脚本时可以发生变化的数组。

对动态数组的声明使用Dim语句或Redim语句，括号中不包括任何数字。比如：

```
<%
Dim  a()                '声明一个变长数组
```

```
Redim   a(4)              '使用时用Redim(重声明)这个数组
a(4)="爱立信"             '把"爱立信"这几个字符赋值给a(4)这个数组变量
Redim   a(7)              '重新声明这个数组
a(7)="诺基亚"
Redim   a(2)
a(2)="三星数码"
%>
```

通过上面的例子，我们知道，作为一个动态数组，可能无限次地使用Redim来调整数组的大小。使用Redim后，原有数值就全部清空了。有时，为了保留原有项目的数值，可以使用类似这样的语句：Redim Preservea (2)。

6. VBScript运算符和表达式

所谓运算符就是描述各种不同运算的符号。在VBScript中，可以进行4种类型的运算，即算术运算、连接运算、关系运算和逻辑运算。表达式是由运算符、数值或字符等组成。表达式的类型由运算符的类型决定。在表达式中，当运算符不止一种时，要首先进行算术运算，接着进行关系运算，然后进行逻辑运算。

(1) 算术运算符

在VBScript中，有7个算术运算符，如表3-3所示。在这7个运算符中，除取负（−）是单目运算符外，其他均为双目运算符，且其含义与数学中的基本相同。

表3-3 算术运算符

运 算 符	说 明	表达式实例
+	加法	a+b
−	减法	a−b
*	乘法	a*b
/	浮点除法	a/b
\	整除	a\b
^	乘方	a^b
mod	取余	a mod b
−	取负	−a

说明：

- 注意"/"、"\"的区别，例如：3/2=1.5，3\2=1。进行"\"整除运算时，只取除后的整数部分，小数部分舍去。
- 取余运算符mod用来求整数除法的余数。比如：3 mod 4的值为3，5 mod 3的值为2，若表达式为3.2 mod 4.1，则先把各数取整为3和4后再取余。

示例：

```
<%
sum=a+b^2
sum2=a^2+b*3
%>
```

(2) 比较运算符

VBScript有7个比较运算符，如表3-4所示，用于比较表达式。

表3-4 比较运算符

比较运算符	说明	结果为True（真）的条件	结果为False（假）的条件	结果为Null（空）的条件
<	小于	表达式1<表达式2	表达式1>=表达式2	表达式1 or表达式2=null
>	大于	表达式1>表达式2	表达式1<=表达式2	表达式1 or表达式2=null
<=	小于或等于	表达式1<=表达式2	表达式1>表达式2	表达式1 or表达式2=null
>=	大于或等于	表达式1>=表达式2	表达式1<表达式2	表达式1 or表达式2=null
=	等于	表达式1=表达式2	表达式1<>表达式2	表达式1 or表达式2=null
<>	不等于	表达式1<>表达式2	表达式1=表达式2	表达式1 or表达式2=null
is	用于对象			

说明：

当比较两个表达式时，有时不容易确定表达式是作为数值还是作为字符串来比较。表3-5描述了如何对表达式进行比较及其结果。

表3-5 比较运算符的子类型

如 果	则
两个表达式都是数值	执行数值比较
两个表达式都是字符串	执行字符串比较
一个表达式是数值，另一个是字符串	数值表达式小于字符串表达式
一个表达式为empty，另一个为数值	执行数值比较，0作为empty表达式的值
一个表达式为empty，另一个为字符串	执行字符串比较，零长度的字符串（""）作为empty表达式的值
两个表达式都为empty	两个表达式相等

比较运算通常用来比较两个数字、两个字符串或两个日期等，一般用在判断语句中。

示例：

```
<%
result=a>b        '将变量a和b比较，如果a大于b，则结果为真
if a>b then       '判断语句，如果a>b，则执行下面的语句
%>
```

（3）连接运算符

连接运算符用于连接两个或更多的字符串。VBScript连接运算符是"&"或"+"，其语法格式为：

```
〈字符串1〉& 〈字符串2〉[& 〈字符串3〉]
```

当两个字符串用连接运算符连接起来后，两个字符串连接成一个字符串。如果要把多个字符串连接起来，则每两个字符串之间都要用"&"或"+"号分隔。

示例：

```
<%
STRING="迎接"+2008奥运会    '将两个字符串通过连接运算符连接成一个字符串
STRING2="电子竞技"& "深受青少年喜爱"    '"+"和"&"作为连接运算符时作用一样
%>
```

（4）逻辑运算符

和其他高级语言一样，在VBScript中提供的布尔运算符有and、or、not、xor、eqv、imp等

6种，如表3-6所示。其中常用的为前三种。

表3-6 逻辑运算符

运 算 符	说　明	规 则 特 点
and	与	两个表达式的值都为真，结果值为真，否则为假
or	或	两个表达式中只要有一个为真，结果值为真；若表达都为假，结果则值为假
not	非	进行取反操作
xor	逻辑异或	两个表达式都为真或假，结果值为假，否则为真
equ	逻辑等价	两个表达式同为真或假，则结果值为真，否则为假
imp	逻辑隐含	第一个表达式为真的同时第二表达式为假，则整个表达式为假，其余都为真

示例：

```
10>3 and 4>1      '依据与运算规则，两个表达式都为真，结果值为真
10>11 and 4>1     '两个表达式中有一个为假，则结果值为假
not 10>11         '10>11是错的，所以取反后，值为真
10>3 or 4<2       '依据或运算规则，只要有一个表达式为真，结果就为真
10>13 or 4>2      '依据或运算规则，两个表达式都为假，结果为假
```

（5）运算符的优先级

在VBScript中运算符的优先次序和数学中运算符的优先次序基本一致。也就是说，当表达式包含多个运算符时，将按预定顺序计算每一部分，这个顺序称为运算符优先级。可以使用括号越过这种优先级顺序，强制首先计算表达式的某些部分。运算时，总是先执行括号中的运算符，然后再执行括号外的运算符。但是，在括号中仍遵循标准运算符优先级。

当表达式包含多种运算符时，优先级由高到低的次序为：算术运算符→连接运算符→比较运算符→逻辑运算符。

3.1.3　拓展训练——制作"ASP世界"网页

例3-2：练习使用ASP的脚本语言。修改3-2.asp程序，使输出结果如图3-2所示。

图3-2　ASP世界网页效果图

3-2.asp程序代码如下：

```
<html>
<head>
    <title>asp世界</title>
```

```
    </head>
    <body>
        <img src="../other/asp.gif" width="300" height="60"><br>
            <%For I=3 To 6 >
            <font size="<%=I%>" face=隶书 color=yellow>欢迎您光临ASP动网世界</font><br>
            <script        Next%>
    </body>
    </html>
```

操作提示：ASP程序设计语言的两种语法格式不能混用且成对出现，否则按出错处理。只能是：

```
<% 代码 %>
```

或

```
<script ...>代码 </script>
```

例3-3：脚本变量和过程变量的生存周期和作用域。请查看源代码，分析程序的执行结果，如图3-3所示。

图3-3 变量的生存周期和作用域

操作提示：

1）脚本级变量定义在过程外，它在整个VBScript中都起作用。也就是说一个脚本级变量不管在什么位置出现都是同一个变量。脚本级变量的生存周期较长，变量的值从网页打开到网页关闭始终有效。

2）过程级变量定义在过程（子程序）内，它起作用的范围仅仅是在定义它的过程中，在过程外该变量不存在。

3）定义变量部分的代码如下：

```
<script language="vbscript">
    dim a1                '定义脚本级变量，定义在过程外
    sub  b1_onclick()
     dim a2                '定义过程级变量，定义在过程内
     a1=a1+1:a2=a2+1:a3=a3+1
      t1.value=a1:t2.value=a2:t3.value=a3
    end sub
    sub  b2_onclick()
     dim a2
     a1=a1+2:a2=a2+2:a3=a3+2
     t1.value=a1:t2.value=a2:t3.value=a3
    end sub
```

```
sub  b3_onclick()
 dim a2
 a1=a1+3:a2=a2+3:a3=a3+3
  t1.value=a1:t2.value=a2:t3.value=a3
end sub
</script>
```

3.2 VBScript函数

函数的概念与数学中函数的概念没有什么区别。函数是一种特定的运算。在程序中要使用一个函数时，只要给出函数名并给出一个或多个参数，就能得到它的函数值。VBScript提供了许多内部函数。另外，还有一种函数是用户根据需要自定义的，叫做用户自定义函数。

下面我们简要介绍几种常用的内部函数的用法。

3.2.1 制作"抽奖活动"网页

例3-4：使用日期函数、星期函数及随机函数完成抽奖活动，如图3-4所示网页的效果。

图3-4 抽奖活动网页效果图

我们将通过例3-4学习函数的使用方法。

操作步骤如下：

1）打开EditPlus编辑器。

2）在编辑器中书写如下代码：

```
<html>
<head>
<title>抽奖活动</title>
</head>
<body>
<img align=right src=../pic/angel.gif>
<table  border=1>
<tr>
<td>
<%
response.write"当前日期" & now()&"<tr><td>"   '显示当前日期
response.write"今天星期" & weekday(date())-1&"祝你有个好心情"
%>
<tr><td>
<%
```

```
dim    atem
dim    atemp  '定义变量
randomize  timer  '初始化随机种子
atemp=int(100*rnd())   '产生100以内的一个随机数
response.write  "您的中奖号码是："& atemp&"<tr>"        '输出结果
%>
</table>
</body>
</html>
```

3）将文件保存为3-4.asp。

4）在浏览器中运行网页的效果如图3-4所示。

例3-5：使用输出函数实现在打开网页时显示问候框。效果如图3-5所示。

操作步骤：

1）打开EditPlus编辑器。

2）在编辑器中书写如下代码：

```
<html>
<head>
<title>问候框</title>
</head>
<body>
<script language="vbscript">
 MsgBox "欢迎光临工行网站，大家好！",,"问候框"
    Dim Name1,number                                      '声明变量
    Name1=InputBox("请输入您工商银行信贷卡的用户名：","请确保用户名正确")
    MsgBox Name1  & "是您工商银行信贷卡的用户名。"        '注意&的用法
</script>
</body>
</html>
```

3）将文件保存为3-5.asp。

4）在浏览器中运行的效果如图3-5所示

图3-5 显示问候框网页效果图

3.2.2 知识讲解——VBScript函数

本节将重点介绍VBScript中的各类函数。

1. 转换函数

Variant变量一般会将其代表的数据子类型自动转换成合适的数据类型。但有时候，自动转换会造成数据类型不匹配的错误。这时就可使用转换函数来强制转换数据的子类型。常用的转

换函数如表3-7所示。

表3-7　转换函数及功能

函　　数	功　　能
CSTR(Variant)	将变量Variant转换为字符串类型
CDate(Variant)	将变量Variant转换为日期类型
CInt(Variant)	将变量Variant转换为整数类型
CLng(Variant)	将变量Variant转换为长整数类型
CSng(Variant)	将变量Variant转换为Single（单精度）类型
CDbl(Variant)	将变量Variant转换为Double（双精度）类型
CBool(Variant)	将变量Variant转换为布尔类型

示例：

```
<%
num1=23                  'num1为数值类型
Str1=Cstr(num1)          'num1经Cstr转换后成为字符串类型
CInt1=CInt(num1)         'num1经CInt转换后成为整数类型
%>
```

通过以上的例子，我们可以看出，每个类型转换函数都可以强制将一个表达式转换成某种特定的数据子类型。若想了解你正在使用哪种变量子类型，可使用VarType函数。

2．数学运算函数

数学运算函数常用于解决各种数学运算。常用的数学运算函数如表3-8所示。

表3-8　数学运算函数

函　　数	语　　法	功能说明
abs	abs(number)	返回一个数的绝对值
sqr	sqr(number)	返回一个数的平方根
sin	sin(number)	返回角度的正弦值
cos	cos(number)	返回角度的余弦值
tan	tan(number)	返回角度的正切值
atn	atn(number)	返回角度的反正切值
log	log(number)	返回一个数的对数值
int	int(number)	取整函数，返回小于等于number的第一个整数
rnd	rnd()	返回一个0到1的随机数
fix	fix(number)	返回数的整数部分

示例：

```
<%
a=fix(3.227)                        '取整数部分，返回3
b=abs(-48)                          '取绝对值，返回48
%>
```

3．字符串函数

VBScript中提供了大量的字符串函数。在ASP开发中，我们用得最多的是字符串。有了这些字符串函数，给开发ASP程序设计提供了很大方便。比如用户注册、申请邮箱、留言等都是作为字符串处理的，这样就经常会用到字符串函数对字符串进行处理。常用的字符串函数如表3-9所示。

表3-9　常用的字符串函数及功能

函　　数	语　　法	功 能 说 明
Ltrim	Ltrim(string)	将字符串前的空格去掉
Rtrim	Rtrim(string)	将字符串后的空格去掉
Trim	Trim(string)	将字符串前后的空格均去掉
Mid	Mid(string,star,length)	从string字符串的star字符开始取得length长度的字符串。如果省略第三个参数，则表示从star开始到字符串结尾
Instr	Instr(string1,string2)	返回字符串string1在字符串string2中第一次出现的位置
Lcase	Lcase(string)	将字符串string里所有大写字母转换成小写字母
Ucase	Ucase(string)	将字符串string里所有小写字母转换成大写字母
StrComp	StrComp(string1,string2)	返回字符串string1与字符串string2的比较结果；如果两个字符串相同，则返回0
Len	Len(string)	返回字符串string里的字符数目
Replace	Replace(string1,find,replacewith)	返回字符串，其中指定数目的子字符串(find)替换为另一个子字符串(replacewith)

示例：

```
<%
StrAa=Trim("asp")                    '去掉字符串两边的空格，返回asp
StrAa=Lcase("ForMat")                '将字符串中所有的大写字母转换成小写字母,返回format
StrAa=Replace("windows","w","W")     '将"windows"中的w都替换成W，返回WindoWs
%>
```

大家现在可能对这些函数还不太熟悉，但是，这些函数在以后的学习中会经常用到。如在用户填写注册信息时，可以使用Trim删除字符串两边的空格，用Replace输入密码等。

4. 日期和时间函数

在VBScript中，日期和时间函数使程序能向用户显示日期和时间，比如记录网页的浏览时间或浏览时间的长短等工作。常用的函数如表3-10所示。

表3-10　常用的日期和时间函数及说明

函　　数	语　　法	功 能 说 明
Now	Now()	返回系统当前日期和时间（yy-mm-dd hh:mm:ss）
Date	Date()	返回系统当前日期（yy-mm-dd）
Day	Day()	返回月中第几天（1～31）
WeekDay	WeekDay(date)	返回是星期几（1～7），1表示星期日，2表示星期一，依次类推
Month	Month(date)	返回一年中的某月（1～12）
Year	Year(date)	返回年份（yyy）
Hour	Hour(time)	返回小时（0～23）
Minute	Minute(time)	返回分钟（0～59）
Second	Second(time)	返回秒（0～59）
Time	Time()	返回当前时间(hh:mm:ss)

5. 测试函数

在VBScript中还提供了一些测试函数，用来测试参数的各种类型。常用的测试函数如表3-11所示。

表3-11   常用的测试函数及说明

函　　数	语　　法	功　能　说　明
IsNumeric	IsNumeric(Variant)	返回布尔值，如果Variant是数字类型，则函数值为True
IsDate	IsDate(Variant)	返回布尔值，如果Variant是日期类型，则函数值为为True
IsNull	Null(Variant)	返回布尔值，如果Variant是Null，则函数值为True
IsObject	IsObject(Variant)	返回布尔值，如果Variant是对象类型，则函数值为True
IsEmpty	IsEmpty(Variant)	返回布尔值，如果Variant是Empty，则函数值为True
IsArray	IsArray(Variant)	返回布尔值，如果Variant是数组类型，则函数值为True

6. 输入/输出函数

在VBScript中实现输入/输出有两种方法：一是使用Document对象及其子对象的方法和属性，后面章节会讲到这方面的内容；二是使用其内置函数——信息框函数和输入框函数来实现。

（1）信息框函数

信息框函数（MsgBox）是常用的输出信息的函数。

语法：

变量= MsgBox（<信息内容>[,<对话框类型>[,<对话框标题>]]）

说明：

- <信息内容>指定在对话框中出现的文本，在信息内容中使用硬回车符（CHR(13)）使文本换行。最多可有1024个字符。
- <对话框类型>指定对话框中出现的按钮和图标的类型以及默认按钮，具体说明请参见表3-12、表3-13和表3-14。

表3-12   按钮类型

值	常　　量	说　　明
0	VbOKOnly	确定按钮
1	VbOKCancel	确定和取消按钮
2	VbAbortRetryIgnore	终止、重试和忽略按钮
3	VbYesNoCancel	是、否和取消按钮
4	VbYesNo	是和否按钮
5	VbRetryCancel	重试和取消按钮

表3-13   图标类型

值	常　　量	说　　明
16	VbCritical	停止图标
32	VbQuestion	问号（？）图标
48	vbExclamation	感叹号图标
64	vbInformation	信息图标

表3-14　信息框中默认选中的按钮

值	常　　量	说　　明
0	VbDefaultButton1	默认按钮为第一按钮
256	VbDefaultButton2	默认按钮为第二按钮
512	VbDefaultButton3	默认按钮为第三按钮

通过将以上3个表中的数值相加可得到所需的按钮样式。

• <对话框标题>部分用来指定对话框的标题。例如：

`msg=Msgbox("请检查数据是否正确！",2+32+0,"数据检查")`

上述代码的执行效果如图3-6所示。

图3-6　信息对话框

• Msgbox()返回的值指明了在对话框中选择哪一个按钮，如表3-15所示。

表3-15　对话框中默认提供的按钮

返 回 值	常　　量	按　　钮
1	vbOK	确定按钮
2	VbCancel	取消按钮
3	VbAbort	终止按钮
4	vbRetry	重试按钮
5	VbIgnore	忽略按钮
6	VbYes	是
7	vbNo	否

• 如果省略了可选项，则需要加入相应的逗号分隔符。

• 若不返回值，则可以使用如下命令格式：

`MsgBox〈信息内容〉[,〈对话框类型〉][,〈对话框标题〉]]`

在程序运行的过程中，有时需要显示一些简单的信息，如警告或错误等。此时可以利用"信息对话框"显示这些内容。用户接收到信息后，可以单击按钮来关闭对话框，并返回单击的按钮值。

（2）输入框函数

输入框函数和信息框函数在形式和用法上有许多相同之处，如〈信息内容〉、〈对话框标题〉部分。输入框函数显示一个能接收用户输入的对话框，并返回用户在对话框中输入的信息。

语法：

`变量 = InputBox（〈信息内容〉[,〈对话框标题〉][,〈默认内容〉])`

说明：

• 〈默认内容〉可以指定输入框的文本框中显示的默认文本。如果用户单击"确定"按钮，文本框中的文本（字符串）将返回到变量中，若用户单击"取消"按钮，返回的将是一个零长度的字符串。

- 如果省略了某些可选项，则必须加入相应的逗号分隔符。

7. VBScript语句

（1）程序语句

VBScript程序与其他高级语言一样，一行代码称为一条程序语句（简称语句）。语句由VBScript关键字、属性、函数、运算符以及能够被浏览器识别的符号的任意组合组成。

建立程序语句时必须遵从语法规则。学习语言元素的语法，并在程序中使用这些元素正确地处理数据，是保证编写正确程序语句的前提条件。

（2）语句的书写规则

在编写程序代码时必须遵循一定的书写规则，这样写出的程序不仅能被VBScript正确地识别，而且能增加程序的可读性。

1）一行中的多条语句。一般情况下，输入程序时要求一行写一条语句。但是也可以使用复合语句行，即把几个语句放在一个语句行中，语句之间用冒号"："隔开。例如：

```
Name = "beijing" : id = 255 : Age = 38
```

2）语句的续行。当一条语句很长时，为了便于阅读，可以在一行的末尾使用续行符，用续行符"_"将一个较长的语句分为多个语句行。例如：

```
strMyStr="当前用户为："&
    _strUsername
```

（3）命令格式中对符号的约定

为了便于解释语句、方法和函数，本书中的语句、方法和函数格式中的符号采用统一约定。但是，这些符号和其中的提示在输入命令或函数时不可作为语句的成分输入计算机。符号的约定如表3-16所示。

表3-16　符号的约定

符　号	含　义
<>	必选参数符号。如果缺少必选项，语句将发生语法错误
[]	可选参数符号。方括号中的内容选与不选由用户决定，不影响语句本身的功能。如省略，则默认为缺省值
|	多选一的表示符，但是竖线分隔的多个选项中必选其中之一
{}	包含多中取一的各项
,...	表示同类项目的重复出现
...	表示省略了部分内容

3.2.3　拓展训练——制作"鸡兔同笼"网页

例3-6："鸡兔同笼"问题。鸡有2只脚，兔有4只脚，如果已知鸡和兔的总头数为S，总脚数为P，问笼中鸡和兔各有多少只？界面效果如图3-7所示。

操作提示：

1）设笼中鸡x只，兔y只，由条件得出方程组：

$$\begin{cases} x+y=S \\ 2*x+4*y=P \end{cases} \Rightarrow \begin{cases} x=(4*S-P)/2 \\ y=(P-2*h)/2 \end{cases}$$

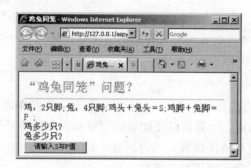

图3-7 鸡兔同笼（函数及VBScript元素的使用）网页效果图

2）使用HTML语言编写一个按钮"请输入S与P值"，代码如下：

```
<INPUT TYPE="Button" NAME="Button"  VALUE="请输入S与P值">
```

3）在EditPlus编辑器中书写计算x，y的代码：

```
<script for="Button" EVENT="onClick" LANGUAGE="VBScript">
    S= InputBox("鸡和兔的总头数S", "请输入", 0)
    P= InputBox("鸡和兔的总脚数P（偶数）", "请输入", 0)
    x = (4 * S - P) / 2
    y = (P - 2 * S) / 2
    MsgBox("设笼中鸡和兔的总头数为" & S & ", 总脚数为" & P & "。" & chr(13) & "则笼
中鸡有" & x & "只,兔有" & y & "只。")
    </script>
```

上机实训3　VBScript编程语言（一）

目的与要求：

练习并掌握VBScript语言的基本元素及函数的正确应用。

上机内容：

（1）请在lx3-1.asp程序中填空，使其在浏览器中输出20以内的随机数。

lx3-1.asp程序的代码如下：

```
<html>
<head>
    <title>产生一个20以内随机数</title>
</head>
<body>
    <%
        DIM   num-num
        randomize   timer
        num-num = _____
        Response.write  num-num
        %>
</body>
</html>
```

（2）华氏温度与摄氏温度相互转换问题。请在横线上填入相应的语句，从而完成程序Lx3-

2.asp的编写。实现下面的要求：利用输入框输入温度，利用信息框输出转换后的温度。输入一个华氏温度可以得到相应的摄氏温度，而输入一个摄氏温度可以得到相应的华氏温度。（转换关系：c为摄氏温度，f为华氏温度，f=9/5*c+32）

lx3-2.asp程序的代码如下：

```
<html>
  <head><title>温度转换</title></head>
  <body><H3 align = center>华氏温度和摄氏温度相互转换</h3><hr>
    <INPUT TYPE="Button" NAME="Button1"  VALUE="摄氏转华氏">
    <INPUT TYPE="Button" NAME="Button2"  VALUE="华氏转摄氏">
    <SCRIPT FOR="Button1" EVENT="onClick" LANGUAGE="VBScript">
      c = InputBox("请输入摄氏温度值：", "摄氏转华氏", 0)
      f=_____
      MsgBox("摄氏" & c & "度 = 华氏" & f & "度")
    </SCRIPT>
    <SCRIPT FOR="Button2" EVENT="onClick" LANGUAGE="VBScript">
      f = InputBox("请输入华氏温度值：", "华氏转摄氏", 0)
      c = _____
      MsgBox "华氏" & f & "度 = 摄氏" & c & "度"
    </SCRIPT>
  </BODY>
</HTML>
```

（3）请在lx3-3.asp程序中填空，实现页面中的字号控制，网页效果如图3-8所示。

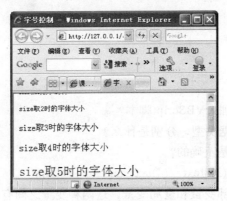

图3-8 字号控制网页效果图

lx3-3.asp程序的代码如下：

```
<html>
<head>
<title>字号控制</title>
</head>
<body>
<% for i=1 to 7 %>
<font size = <% =i %>>
<p>size取 _____ 时的字体大小</p>
</font>
<% _____ %>
```

```
</body>
</html>
```

（4）请在lx3-4.asp程序中填空，实现如图3-9所示网页效果。

图3-9　加载网页后显示问候框的网页效果图

lx3-4.asp程序的代码如下：

```
<html>
<head>
<title>显示问候框</title>
</head>
<body>
<script language="vbscript">
    dim xm
        xm=inputbox("请输入姓名:","姓名输入框","张华")
        _____xm & "，您好!",,,"问候框"
</script>
</body>
</html>
```

思考与练习

一、简答题

1. 在HTML中应该如何加入VBScript脚本？

2. VBScript中有几种数据类型，分别是什么？

3. 下面哪些变量的名称是正确的？

(1)Text　(2)text.text1　(3)8text　(4)text_text　(5) sum

4. 变量的作用域分为局部变量和全局变量，这两种变量之间有什么区别？

5. 在程序中应如何正确使用输入/输出函数？

二、上机题

1. 试将例3-1的代码用VBScript语法的另一种格式写出来，并在浏览器中正确运行。

2. 试设计一个小程序，利用InputBox函数获取用户输入的当前日期，然后用MsgBox函数向用户显示输入日期是星期几。

第4章 VBScript编程语言（二）

学习要点：

本章主要介绍VBScript编程语言的第二部分知识。

- VBScript的选择结构
- VBScript的循环结构
- VBScript过程

本章任务：

理解VBScript编程语言的各种结构关系，并能综合运用选择结构和循环结构解决生活中的实际问题。

4.1 VBScript的选择结构

在ASP程序中，常常需要对用户输入的信息进行判断，如用户注册登录时，判断用户填写的信息是否准确、密码是否正确等。这都需要用到条件语句进行判断。下面我们来学习一下VBScript提供的If…then…Else、Select Case语句，分别实现单条件选择结构和多条件选择结构。

4.1.1 制作"测试数据类型"网页

例4-1：用IF语句编写判断所输入数据是否是日期型数据。

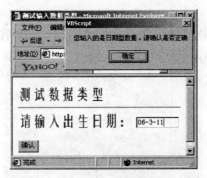

图4-1 测试输入数据类型（块IF语句）网页效果图

在例4-1中当在文本框内输入数据后，点击"确认"按钮，弹出相对应的提示框。

操作步骤：

1）打开EditPlus编辑器。

2）在编辑器中书写如下代码：

```
<html>
<head>
```

```
<title>测试输人数据类型</title>
</head>
<body>
<font color="#ff0090" size="5" face="方正姚体">测试数据类型
<hr>
    请输入出生日期：
</font>
    <input name="text1" type="text" size="10"><p>
    <input type="button" name="button1"  value="确认">
    <script for="button1" event="onclick" language="vbscript">
     x = text1.value
     if isdate(x) then                     'isdate(x)是日期型测试函数，是if的条件
        msgbox "您输入的是日期型数据，请确认是否正确"        '是if语句序列1
     else
     msgbox "您输入的不是日期型数据，请重新操作"             '是if语句序列2
     end if                                               '标明if语句序列结束
   </script>
   </body>
</html>
```

3）用文件4-1.asp保存。

4）在浏览器中运行效果如图4-1所示。

例4-2：五一节到了，某超市店庆促销，采用多购物多打折的优惠办法，条件为每位顾客一次购物累计：

1）在500元以上者，按九五折优惠。

2）在1000元以上者，按八五折优惠。

3）在1500元以上者，按七折优惠。

4）在3000元以上者，按五折优惠。

从题目看有4个条件，可使用多分支的条件语句或IF嵌套语句来完成。本例使用多分支的条件语句，请读者课后试用IF嵌套语句来完成本例。执行后网页的效果如图4-2所示。

图4-2 商场打折（多分支的条件语句）网页效果图

操作步骤：

1）打开EditPlus编辑器。

2）在编辑器中书写如下代码：

```html
<html>
<head>
<title>商场打折</title>
</head>
<body  background="../pic/beij5.gif">
<font color="#ff0999" size="5" face="方正姚体">优惠后价格</font>
<hr>
      所购商品总金额：
   <input name="text1" type="text" size="10"> 元<p>
   <input type="button" name="button1"  value="计算">
   <script for="button1" event="onclick" language="vbscript">
    x = text1.value
    if not isnumeric(x) then msgbox "您输入的不是数值数据" : exit sub
select case true                        '测试条件
 case x < 500                           '值1
     y = x                              '语句1
 case x >= 500 and x < 1000            '值2
     y = 0.95 * x                       '语句2
 case x >= 1000 and x < 1500           '值3
     y = 0.85 * x                       '语句3
 case x >= 1500 and x <3000
     y = 0.7 * x
 case else
     y = 0.5 * x
     end select                         '多条件选择语句结束
     msgbox "优惠后的价格为：" & y & "元"
   </script>
  </body>
</html>
```

3）用文件4-2.asp保存。

4）在浏览器中运行效果如图4-2所示。

4.1.2 知识讲解——选择语句

1. 单条件选择结构

单条件选择结构是最常用的双分支选择结构，如果条件表达式的值为真，则执行语句1，否则执行语句2。

（1）行If语句

语法结构

If<条件>then[<语句1>][Else<语句2>]

说明：

• 如果条件表达式的值为真，则执行语句1，否则执行语句2。

• 可以在语句1和语句2中使用冒号（:）将多个命令组成一条语句。

（2）块If语句

块If语句又称多行If语句，也就是将一个选择结构用多个语句来实现。

语法结构

```
If<条件1>then
[<语句序列1>]
[Else
[语句序列2]]
End  If
```

说明：

- 当程序运行到If块时，首先测试〈条件〉。如果条件为True，则执行Then之后的语句。如果条件为False，并且有Else子句，则程序会执行Else部分的语句列2。而在执行完Then或Else后面的语句列后，会从End If之后的语句继续执行。
- Else子句是可选的。

（3）If语句的嵌套

有时需要从多个条件中选择一种，那么这时我们就需要用到If嵌套语句。

语法结构：

```
If<条件1>then
[<语句序列1>]
ElseIf<条件2> Then
[语句序列2]]
...
[Else
[其他语句序列]]
End  If
```

在例4-1执行时，如果输入数值型数据，要求提示框提示输入的是数值型数据。则程序是使用多条件选择语句来未完成。其主要代码如下所示。

```
<script for="button1" event="onclick" language="vbscript">
  x = text1.value
  if isdate(x) then
    msgbox "您输入的是日期型数据"
  elseif isnumeric(x) then
  msgbox "您输入的是数值型数据"
  else
  msgbox    "您输入的不是日期和数值数据"
  end if
</script>
```

可见，当对多个条件进行选择时，用嵌套语句还真能解决不少实际问题。

2. 多分支条件选择结构

虽然IF嵌套语句也可实现多分支选择，但是层层嵌套容易出现不可避免的错误，而且VBScript又提供了（Select Case语句）来实现多分支选择，可使代码简练易读，无疑对初学者来说是一种很好的选择。Select Case语句可以根据测试条件的值，从多个语句块中选择执行其中一个。

语法结构：

```
Select Case 〈测试条件〉
  [Case 〈值1〉
     [ 〈语句1〉] ]
  [Case 〈条件2〉
     [ 〈值2〉] ]
  ...
  [Case Else
     [ 〈其他语句〉] ]
End Select
```

说明：

• Select Case结构在开始处使用一个测试表达式。表达式的结果将与结构中每个Case的值比较。如果匹配，则执行与该Case关联的语句块。

• 〈测试条件〉为必要参数，是任何数值或字符表达式。

• 在Case子句中，〈表达式表〉为必要参数，用来测试其中是否有值与〈测试条件〉相匹配。表达式列表中的多个表达式之间要用逗号（,）隔开。

4.1.3　拓展训练——制作"查询银行卡等级"网页

例4-3：请用IF嵌套语句来完成本题，预览后的网页效果如图4-3所示。假如输入您在中国某银行的积分，查询您属于哪类用户。积分情况如下：

1 000分---------------普通卡用户；

5 000分以上---------银卡用户；

20 000分以上--------金卡用户。

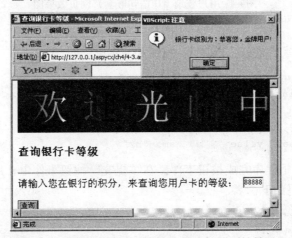

图4-3　查询银行卡等级（IF语句嵌套）网页效果图

操作提示：

1）先用HTML语言写"查询"按钮和文本框。即

```
<input name="text1" type="text" size="4">
<input type="button" name="button1"  value="查询">
```

2）要求用IF嵌套语句，一定注意别嵌套错误。主要程序代码如下：

```
<script for="button1" event="onclick" language="vbscript">
    x = text1.value
    if not isnumeric(x) then
        msgbox "您输入的不是数值数据"
    elseif x >= 20000  then
        msgbox "银行卡级别为：恭喜您，金牌用户！", vbinformation + vbokonly, "注意"
      elseif x > 5000 then
        msgbox "银行卡级别为：恭喜您成为银卡用户", vbinformation + vbokonly, "注意"
    elseif x >= 1000 then
        msgbox "银行卡级别为：您为普通用户卡", vbinformation + vbokonly, "注意"
    end if
  </script>
```

例4-4：使用IF选择结构语句，实现用户登录反馈信息。网页效果如图4-4所示。

图4-4 用户登录（IF语句嵌套）网页效果图

操作提示：

1）用HTML语言写"提交"、"重写"按钮和文本框。即

```
<p>请输入用户名:<input type="text" name="t1" size="26" ></p>
<p>请 输 入 密码:<input type="password" name="t2" size="26" ></p>
<p>信息反馈:<input type="text" name="t3" size="30"></p>
<p> <input type="submit" value="提交" name="b1">
<input type="reset" value="重写" name="b2">
```

2）用两个按钮的子程序完成按钮事件。在"提交"按钮事件中，用IF语句完成用户和密码判断。主要程序代码如下：

```
<script language="vbscript">
 sub b1_onclick()
   if  t1.value <> "abc" then
    t3.value="非法用户，不能登录本网站"
   elseif  t2.value <> "123" then
    t3.value="密码错误，请查证后重新输入"
   else
    t3.value=t1.value & "您好!登录成功，欢迎进入本网站"
   end if
  end sub
  sub b2_onclick()
```

```
    t1.value="":t2.value="":t3.value=""
  end sub
</script>
```

例4-5：使用多分支条件选择结构语句（select case），实现输入月份输出季节的网页。网页效果如图4-5所示。

图4-5　输入月份输出季节网页效果图

操作提示：

1）使用输入对话框提示输入月份。即

```
cj=inputbox（"请输入月份", "月份输入框"）
```

2）用多分支条件语句实现输入月份与季节转换。主要程序代码如下：

```
<script language="vbs">
    cj=inputbox（"请输入月份", "月份输入框"）
    select case int(cj)
        case  2,3,4
            msgbox "现在是:" & "春季" ,,"季节输出框"
        case 5,6,7
            msgbox "现在是:" & "夏季" ,,"季节输出框"
        case 8,9,10
            msgbox "现在是:" & "秋季" ,,"季节输出框"
        case else
            msgbox "现在是:" & "冬季" ,,"季节输出框"
        end select
</script>
```

4.2　VBScript的循环结构

4.2.1　制作"求1到100的累加和"网页

例4-6：求1+2+3+...+100=？

图4-6　100的累加和（循环语句）网页效果图

操作步骤：

1）打开EditPlus编辑器。

2）在编辑器中书写如下代码：

```
<html>
<head>
<title>求1到100累加和</title>
</head>
<body>
<h3>累加和计算</h3>
<hr color=blue>
    求累加1 + 2 + 3 +…+ 100的值。<p>
    <input type="button" name="button1"  value="计算">
    <script for="button1" event="onclick" language="vbscript">
      s = 0: n = 1              '定义变量并赋初值
      do while n <= 100         '循环条件
        s = s + n               '依次累加和
        n = n + 1               '数值不断加1
      loop
      msgbox "1+2+3+...+100 = "  & s     '
    </script>
  </body>
</html>
```

3）用文件4-6.asp保存。

4）在浏览器中运行效果如图4-6所示。

4.2.2 知识讲解——循环语句

循环是指在程序设计中，用于重复执行一组语句。使用循环可以避免重复不必要的操作，简化程序，节约内存，提高效率。

循环可分为3类：

1）一类是在条件变为False之前重复执行语句。

2）一类是在条件变为True之前重复执行语句。

3）一类按照指定的次数重复执行语句。

1. Do…Loop语句

可以使用Do…Loop语句多次（次数不定）运行语句块。当条件为True时或条件变为True之前，重复执行语句块。

1）进入循环之前检查条件（Do…Loop循环）是否为True。

进入循环之前检查条件是首先判断条件，根据条件判断结果决定是否执行循环，执行循环的最少次数为0。

语法：

```
Do [{ While | Until }〈条件〉]
    [〈语句列1〉]
    [Exit Do]
```

```
    [〈语句列2〉] ]
Loop
```

说明：

- Do While…Loop是（先判断条件）当型循环语句，当条件为真（True）时执行循环体，条件为假（False）时终止循环；Do Until…Loop是（先判断条件）直到型循环语句，条件为假时执行循环体，直到条件为真时终止循环。

- 可以在Do…Loop中的任何位置放置任意个数的Exit Do语句，随时跳出Do…Loop循环。如果Exit Do使用在嵌套的Do…Loop语句中，则Exit Do会将控制权转移到Exit Do所在位置的外层循环。

那么，请同学们试想想，如果我们将例4-6改为直到型循环，应该如何修改呢？

只需修改其VBScript代码条件部分即可。修改后的VBScript代码如下：

```
<script for="button1" event="onclick" language="vbscript">
    s = 0: n = 1
    do until n>100            '直到n大于100时停止循环
      s = s + n
      n = n + 1
    loop
    msgbox "1+2+3+...+100 = "  & s
  </script>
```

2）进入循环之后检查条件是否为True。

进入循环之后检查条件，首先执行循环体，然后判断条件，根据判定结果决定是否继续执行循环，因此执行循环次数至少为1。

语法：

```
Do
   [语句列1]
   [Exit Do]
   [语句列2]
Loop [{While | Until} 条件]
```

说明：

Do...loop Until与Do While...Loop只是在判断条件上有先后区别外，其他用法一致。

例4-7：试将例4-6用Do...loop Until改写。则只需修改VBScript代码条件部分。修改后的代码如下：

```
    <script for="button1" event="onclick" language="vbscript">
    s = 0: n = 1
    do
      s = s + n
      n = n + 1
    loop  while n <= 100         '只是条件放到Loop while后
    msgbox "1+2+3+...+100 = "  & s
    </script>
```

2. While…Wend语句

While…Wend语句比较简单，只要指定条件为True，则会重复执行一系列的语句。但是由于While…Wend缺少灵活性，所以建议最好使用Do…Loop语句。这里不再赘述。

语法：

```
While<条件>
[<语句列1>]
Wend
```

3. For…Next语句

For…Next语句用于指定语句块运行的次数。在循环中使用计数器变量，该变量的值随每一次循环增加或减少。

语法：

```
For<循环变量>=<初值>To<终值>[Step<步长>]
[语句列1]
[Exit For ]
[语句列2]
Next[循环变量]
```

说明：

如果没有指定步长，是默认为1。

<步长>可是正数也可是负数。

可以在循环中的任何位置放置一个Exit For语句，随时退出循环。

如果例4-7要求计算从100+98+…+4+2=?的和，用For…Next循环，步长为-2。

分析：从初值j=100，计数器变量每次减2（步长：-2），终值2。

则区别于例4-7循环部分的代码如下：

```
<%
 Dim j, total
total=0
 For j =100 To 2 Step -2
 total = total + j
 Next
response.write "100+98+...+4+2= " &total
%>
```

Exit…For语句用于在计数器达到其终止值之前退出For…Next语句，因为通常是在某些特殊情况下（例如发生错误时）退出循环。如计算从100+98+…+4+2=?的总和超过1000时强行退出。则修改后的代码如下：

```
<%
 Dim j, total
total=0
For j =100 To 2 Step -2
  total = total + j
  if total>=1000 then    exit for         '增加判断条件，当和大于等于1000后，强行退出
 Next
```

```
response.write "则程序运行到j= " &j&"时停止循环。
<br>则计算50+48+...+"&j&"="&total
%>
```

4.循环的嵌套

循环可以多级嵌套。所谓嵌套，就是在一个大循环内可以包含一个小循环，此时小循环就相当于大循环内的执行语句。注意循环可以嵌套，但不可以交叉，请参考图4-7。

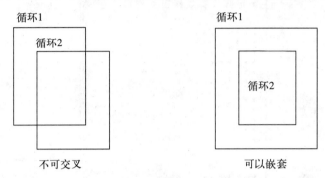

图4-7　循环嵌套示意图

4.2.3　拓展训练——制作"使用循环嵌套输出正方形"网页

例4-8：编写一个程序输出如图4-8所示的图案。

操作提示：

图为5行5列的图阵，可用一个循环控制行的输出，嵌套一循环控制列的输出。代码如下：

```
<%
s="*":p=""                    '定义常量且赋值
For  I=0 to 4                 '循环1
   For j=0  to 4              '循环2
   p=p&" "&S             '给变量P赋值
   Next
RESPONSE.WRITE P&"<BR>"       '输出P变量的值
p=""
Next
%>
```

图4-8　使用循环嵌套输出正方形（for…next）网页效果图

例4-9：编写一个程序输出如图4-9所示的图案。

图4-9　输出两个三角形的网页效果图

操作提示：

1）图为两直角边长均为9星的上下两个直角三角形。根据图形可知，下边三角形的第一行为一个星，第二行为二星，依次类推。那么可用一个循环控制行的输出，嵌套一循环控制列的输出。列输出的最大值应为行号，也就是控制外循环的变量。下三角形代码如下：

```
<%
s="*":p=""                      '定义常量且赋值
for  i=8 to 0  step  -1          '循环1
    for j=i  to 8               '循环2，起始值为循环1的变量I，从而控制列输出个数。
    p=p&" "&s               '给变量p赋值
    next
response.write p&"<br>"          '输出p变量的值
p=""
next
%>
```

2）那么上三角形代码则容易一些。代码如下：

```
<%
s="*":p=""                      '定义常量且赋值
for  i=0 to 8                   '循环1
    for j=i  to 8               '循环2
    p=p&" "&s               '给变量p赋值
    next
response.write p&"<br>"          '输出p变量的值
p=""
next
%>
```

例4-10：用For…Next语句实现在网页中输出九九乘法口诀。网页效果如图4-10所示。

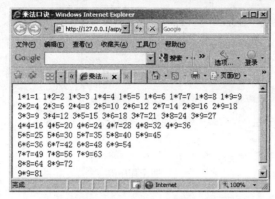

图4-10　输出九九乘法口决的网页效果图

操作提示：

1）分析：九九乘法口诀表为9行9列，所以需用双重For…Next语句来分别实现行数、列数的输出。

2）控制循环部分的代码如下：

```
for i=1 to 9                    '控制行个数的语句
    for j=i to 9                '控制列个数的语句
    response.write   i & "*" & j & "=" & i*j & " "          '输出结果
    next
    response.write "<br>"       '换行输出
next
%>
```

4.3　VBScript过程

在3.2节中，我们学习了许多函数，利用这些函数可以非常方便地完成某些功能。可是，有时候经常需要完成一些特殊的功能，比如从1到M的平方和等。此时没有现成的函数可用，需要利用过程自己编制函数。

在VBScript过程中，过程有两种，一种是Sub子程序，一种是Function函数。两者的区别在于：Sub子程序只执行程序而不返回值，而Function函数可以将执行代码后的结果返回给请求程序。子程序名的命名规则和变量名的命名规则相同。

4.3.1　制作"求$a^3+b^3=$？"（Sub子程序）网页

例4-11：用Sub子程序，求"a^3+b^3"的值。

操作步骤：

1）打开EditPlus编辑器。

2）在编辑器中书写如下代码：

```
<% Option Explicit                  '放在程序首行，强制变量声明 %>
<html>
<head>
    <title> 用sub子程序求a^3+b^3=?</title>
```

```
</head>
<body>
<font color="#ff0f00" size="5" face="方正楷体">计算a^3+b^3=?</font>    '设字体属性
<hr>
<%
    Dim m,n                        'm,n与子程序中的a,b一一对应，称为形式参数
        m=5
        n=9
    call countsum(m,n)             '调用子程序(CountSum(a,b))显示结果

'下面是子程序，用来计算两个数的立方
    sub CountSum(a,b)              '声明子程序
        dim sum
        Sum=a^3+b^3
        Response.write "a和b的立方和等于："&Cstr(sum)          '输出结果
    End sub
    %>
</body>
</html>
```

3）用文件4-11.asp保存

4）在浏览器中运行效果如图4-11所示。

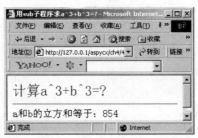

图4-11 求a³+b³=？（Sub子程序）网页效果图

4.3.2 知识讲解——过程

1. Sub子程序

（1）声明Sub子程序的语法

语法：

```
Sub 子程序名（参数1，参数2，...）
...
end Sub
```

或

```
Sub 子程序名（）
...
end Sub
```

说明：

"参数1，参数2，…"是指由调用过程传递的常数、变量或表达式。利用这些参数可以传递数据。如果Sub过程无任何参数，则Sub语句必须使用空括号。

（2）Sub过程调用有两种方式

1）使用Call语句：

```
Call   子程序名（参数1，参数2，...）
```

2）不使用Call语句

```
子程序名   参数1，参数2
```

2. Function函数

Function函数和前面讲的子程序本质上一样，但是它是根据需要开发的，所以有很大的灵活性。

（1）Function函数语法：

```
Function 函数名（参数1，参数2，...）
...
end Function
```

或

```
Function函数名
...
end Function
```

与Sub过程类似，其中"参数1，参数2，…"是指由调用过程传递的常数、变量或表达式。如果Function过程无任何参数，则Function语句必须使用空括号。与Sub过程不同的是，Function过程通过函数名返回一个值，这个值是在过程的语句中赋给函数名的，Function返回值的数据类型是Variant。

（2）Function过程调用

Function过程调用方式只有一种，即通过直接引用函数名实现函数的调用，而且函数名必须用在变量赋值语句的右端或表达式中。和函数调用一样。

3. 子程序和函数的位置

子程序和函数可以放在ASP文件的任意位置上，也可以放在另外一个ASP文件中。请试着上机操作。

4.3.3　拓展训练——制作"求$a^3+b^3=?$"（Function函数）网页

例4-12：为了与子程序相比较，我们利用Function函数，求"a^3+b^3"的值。网页效果如图4-12所示。

操作提示：

1）用Function函数求立方根的图4-12结果与用子程序求立方根的图4-11结果一样。也就说明，只是程序内部不同而已。

2）Function函数部分的代码如下：

```
<%
Dim m,n,sum
m=5
n=9
sum= CountSum(m,n)                                    '调用函数，求立方和
Response.write "m和n的立方和等于"& Cstr(sum)           '显示结果
'下面是函数，用来计算两个数的立方
    Function CountSum(a,b)
        '由于a,b为形式参数，在函数被调用时，其值由实际参数给出，
        CountSum=a^3+b^3
    End Function
    %>
```

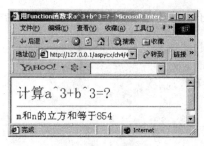

图4-12　求a^3+b^3=?　（Function函数）网页效果图

例4-13：用带参数的过程调用输出如图4-13所示三角形。

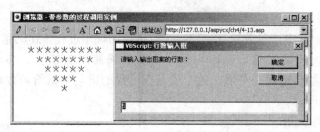

图4-13　带参数的过程调用实例网页效果图

操作提示：

1）带参数的过程调用部分的代码如下：

```
<script language="vbscript">
sub ta(n)
 for i=1 to n
    document.write string(i," ") & string(2*(n-i)+1,"*"),"<br>"
    next
end sub
m=inputbox("请输入输出图案的行数：", "行数输入框", 5)
call ta(m)            ' 用call调用ta过程
</script>
```

2）上边程序中用到字符串string(i,"")函数来控制"*"字符的输出。这个函数的功能是返回指定字符串的长度。

上机实训4　VBScript编程语言（二）

目的与要求：

掌握并熟练使用程序设计的三种基本结构及过程文件的运用。

上机内容：

（1）编写一个程序lx4-1.asp，输出如图4-14所示的图案。

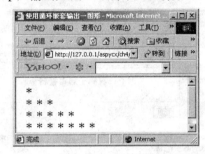

图4-14　三角形（for…next）网页效果图

lx4-1.asp程序代码如下：

```
<html>
<title>使用循环嵌套输出一图形</title>
<body>
<%
s="*":p=""
For  I=0 to 3   '循环1
   For j=1  to 2*I+1     '循环2，用变量I值来控制输出几列
   p=p&" "&S
   Next
RESPONSE.WRITE P&"<BR>"
p=""
Next
%>
</body>
</html>
```

（2）编写程序lx4-2.asp，实现预报灰鸽子病毒的功能，判断当天的日期，如果是25日，则显示"请注意，明天可能有灰鸽子病毒发作"，否则显示"请放心，今天不会爆发灰鸽子病毒；但一定不要打开不熟悉的邮件或网页"。网页效果如图4-15所示。

Lx4-2.asp程序代码如下：

```
<html>
  <head><title>判断当前日期</title></head>
  <body>
<h3  align=center>灰鸽子病毒警告</h3><hr>
    <input type="button" name="button1"  value="预报">
    <script for="button1" event="onclick" language="vbscript">
    x = day(date())
    if x=25 then
  msgbox "请注意，明天可能有灰鸽子病毒发作"
```

```
    else
msgbox "请放心，今天不会爆发灰鸽子病毒；但一定不要打开不熟悉的邮件或网页"
end if
    </script>
  </body>
</html>
```

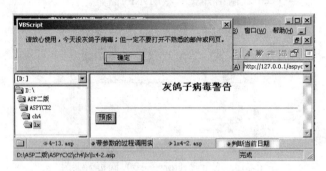

图4-15 判断是否病毒发作网页效果图

（3）请编写程序lx4-3.asp，求两个自然数的最大公约数。预览网页后效果如图4-16所示。

图4-16 求最大公约数网页效果图

操作提示：

求最大公约数可以用"辗转相除法"，方法如下：

以大数m作被除数，小数n作除数，相除后取余数为r。

若r<>0，则交换两数即m←n，n→r，继续相除得到新的余数r。若r<>0，则重复执行此过程，直到r=0为止。

最后m为最大公约数。

lx4-3.asp程序代码如下：

```
<html>
  <head><title>求最大公约数</title></head>
  <body><h3  align=center  >求最大公约数</h3><hr>
    请输入两个自然数：<p>
    <input name="text1" type="text" size="10"><p>
    <input name="text2" type="text" size="10"><p>
```

```
    <input type="button" name="button1"  value="计算">
    <script for="button1" event="onclick" language="vbscript">
    m = text1.value
    n = text2.value
    if not (isnumeric(m) and isnumeric(n)) then msgbox "输入的不是数值" : exit sub
    if n * m = 0 then msgbox "两数中任一个都不能为0!" : exit sub
    if m < n then t = m: m = n: n = t   '交换数据，使m最大
    do
      r = m mod n
      m = n : n = r
    loop while r <> 0
    msgbox "最大公约数是" & m
    </script>
  </body>
</html>
```

（4）请改写第3题，编写求最大公约数的Function过程，在网页中调用Function过程求出2个自然数的最大公约数。

Lx4-4.asp程序代码如下：

```
<html>
<head><title>求最大公约数</title></head>
<script language="vbscript">
    function gzy(k, h)
      if k < h then c = k: k = h: h = c
      r = k mod h
      do while r <> 0
        k = h: h = r: r = k mod h
      loop
      gzy = h
    end function
  </script>
  <body><h3  align=center  >求最大公约数</h3><hr>
    请输入两个自然数：<p>
    <input name="text1" type="text" size="10"><p>
    <input name="text2" type="text" size="10"><p>
    <input type="button" name="button1"  value="计算">
    <script for="button1" event="onclick"
language="vbscript">
    m = text1.value
    n = text2.value
    if not (isnumeric(m) and isnumeric(n)) then
msgbox "输入的不是数值" : exit sub
    if n * m = 0 then msgbox "两数中任一个都不能
为0!" : exit sub
        msgbox "二个数最大公约数是" &gzy(m,n)
    </script>
  </body>
</html>
```

在浏览器中显示效果与图4-16一样。

（5）请用for…next循环语句动态输出7行4列的表格。如图4-17所示。

图4-17 动态输出表格的网页效果图

Lx4-5.asp程序的主要代码如下：

```
<table border="1" cellspacing="0">
<%
dim i
for i=1 to 7                        '循环控制行数
%>
  <tr>
    <td>第<%=i%>行</td>
    <td width="100"> </td>
    <td width="100"> </td>
    <td width="100"> </td>
  </tr>
<%
next
%>
</table>
```

上面的程序将for…next语句拆开到不同的脚本段中，以嵌入HTML元素。从而实现动态表格行的输出。

（6）请用for…next循环实现在网页中输出字母a~z对应的ASCII码。如图4-18所示。

Lx4-6.asp程序的主要代码如下：

```
<%
c=("a")
for i=0 to 25                        '利用循环输出字母a~z对应的ASCII码
    n=asc(c)+i
    ch=chr(n)
%>
<%=ch%>的ASCII码为<%=n%><br>
<%
next
%>
```

图4-18 字母与ASCII码的对应输出网页效果图

（7）请用select case语句判断并计算当月天数。如图4-19所示。

图4-19 计算当月天数的网页效果图

Lx4-7.asp程序的主要代码如下：

```
<%
y=year(date)              '获取当前年份
mon=month(Date)           '获取当前月份
select case  mon          '对月份进行判断,
 case 1,3,5,7,8,10,12     '如果是1,3,5,7,8,10,12月
maxday=31                 '设置当月天数为31
case 2                    '如果是2月
'判断是否闰年,并赋给2月的天数
if y mod 4=0 and y mod 100<>0 or y mod 400=0  then
maxday=29
else
maxday=28
end if
case else                 '设置其他月份天数
maxday=30
end select
%>
<h1 align="center">现在是<%=y%>年<%=mon%>月</h1>
<h1 align="center">本月总共有<%=maxday%>天</h1>
```

思考与练习

一、选择题

1. 在循环语句Do…Loop中，使用什么可以强行退出循环？

    A. exit   B.exit…for   C. exit…do   D.loop

2. 在循环语句For…Next中，使用什么可以强行退出循环？

    A. exit   B. exit…for   C. exit…do   D. loop

3. 在循环语句For…Next中，默认步长值为多少？

    A. 2   B. 自定义   C. -1 D. 1

4. 请判断下面程序运行完毕后a的值。

```
<%
a=1
a=a+1

%>
```

    A. 2   B. 3   C. -1 D. 1

5. 请判断下面程序运行完毕后a、b、c的值

```
<%
a="2"+"1"
b="2"&"1"
c="2"+1
%>
```

    A. 21、21、21   B. 21、3、21   C. 21、21、3   D. 3、3、3

二、简答题

1. VBScript中条件语句有哪几种？它们之间的区别在哪？
2. VBScript中循环语句有哪几种？它们之间的区别在哪？
3. 过程中的子程序和函数是如何定义及使用的，它们之间的区别在哪？

三、上机题

1. 请你编写程序完成航空公司托运行李计费问题。从北京到上海，规定每张客票托运费计算方法是：行李重量不超过50千克，每10千克0.25元，超过50千克时，其超过部分每10千克0.35元。

2. 求1! +2! +3! +…10!

3. 请改写第2题，阶乘部分用Function过程来实现。

第5章　ASP程序与ASP内置对象

学习要点：

- 理解对象的概念
- Response对象、Server对象、Resquest对象及使用
- 使用Form方法、Querystring方法、Certificate方法

本章任务：

掌握并理解ASP的基本对象，学会运用对象的各种方法或属性完成实际任务。

5.1　Response对象及使用

5.1.1　制作"使用Response对象"网页

例5-1：启用缓冲区输出如图5-1所示的页面，并启用缓冲区观察运行时间。

图5-1　启用缓存输出的网页效果图

操作步骤如下：

1）打开EditPlus编辑器。

2）在编辑器中书写如下代码：

```
<!--   使用缓冲   -->
<% response.buffer=true    %>
<html>
<head>
<title>启用缓冲区输出</title>
</head>
<body>
<h3>使用Response对象</h3>
<hr>
<%
StartTime = Timer                                    ' 启用缓冲开始的计算时间
for   i=1   to 200                                   ' 循环
   Response.write i & "  "                 ' 输出I值
   if i mod 10=0   then   Response.write "<br>"      ' 当I能被10整除时，换行输出
s=s+i
next
EndTime=Timer                                        ' 计算结束结束时间
times=EndTime-StartTime                              ' 启用缓冲计算共计用时
Response.Write "1+2+3+......+200=" & s
Response.Write "<B>花费时间为：" & times & "秒。</B>"
%>
</body>
</html>
```

3）将文件用5-1.asp保存。

4）在浏览器中运行网页效果如图5-1所示。

例5-2：不启用缓冲区输出如图5-2所示的页面，并观察运行时间与图5-1进行对比。

图5-2 不启用缓存输出的网页效果图

本例只是将例5-1代码中启用的缓冲关闭，即% Response.Buffer =False %>，通过运行结果可以看出，缓冲区的特点是当Buffer属性值为True时，指定缓冲页输出，只有当前页的所有服务器脚本处理完毕或者调用了Flush或End方法后，服务器才将响应发送给客户端浏览器。当Buffer属性值为False时，服务器在处理脚本的同时将输出发送给客户端。

5.1.2　知识讲解——Response对象及使用

1. ASP内置对象概述

对象已经将某些功能封装起来，用户无须了解其内部工作原理，只需知道如何使用即可。ASP之所以简单实用，主要是因为它提供了功能强大的内部对象和内部组件。其中常用的五大内部对象包括Response、Server、Request、Session、Application，本章主要讲述Responset和Server及Request三个对象。五大内部对象的简要说明如表5-1所示。

表5-1　ASP内部对象简要说明

对　　象	功　　能
Response	将数据信息输送给客户端
Server	创建COM对象和Scriping组件等
Request	从客户端获取数据信息
Session	存储单个用户信息
Application	存放同一个应用程序中的所有用户之间的共享信息

2. Response对象简介

Response对象是用来控制发送用户的信息，包括直接发送给浏览器、重定向浏览器到另一个URL。Response对象可以使用的方法及描述如表5-2所示，属性如表5-3所示。

表5-2　Response对象的方法及描述表

方　　法	描　　述
Clear	清理掉缓冲区中所有HTML输出
End	停止网络服务器处理程序，并输出当前结果
Flush	分流缓冲区，并立即向用户输出结果
Write	向当前的HTTP页面写入一个字符串
Redirect	当浏览器重定向到设定的URL
Binary Write	不用任何转换而向当前HTTP页面写入信息

表5-3　Response的属性

属　　性	描　　述
Buffer	设置为缓冲信息，取值为Ture或False，默认为False
ContentType	控制送出的文件类型

3. Response对象的方法及使用

（1）Clear

可以用Clear方法清除缓冲区的所有HTML输出。但Clear方法只清除响应正文而不清除响应标题。可以用该方法处理错误情况。但是如果没有将Response.Buffer设置为True，则该方法将导致运行时错误。

语法：

```
Response.Clear
```

说明：

当调用Response.Clear方法时，页首输出仍旧发送到浏览器，但内容已破坏。

（2）End

End方法也用于管理服务器的缓冲输出。

语法：

```
<%Response.End%>
```

说明：

End方法使Web服务器停止处理脚本并返回当前结果。文件中剩余的内容将不被处理。如果Response.Buffer已设置为Ture，则调用Response.End后就将缓冲输出。如例5-1中这句if i=45 then response.end，如果没注释掉，则页面上只会输出到45。

（3）Flush

Flush方法立即发送缓冲区的输出。

语法：

```
<%Response.Flush%>
```

（4）Write

Write方法是Response对象中最常用的方法之一，它可以把变量的值发送到用户端的当前页面。Write方法的功能很强大，它可以输出几乎所有的对象和数据。

语法：

```
Response.write 变量数据或字符串
```

如

```
<%
Response.Write    name & "你好"              'name  是一个变量，表示用户名
Response.Write    "现在是："& now()           'now()是时间函数
Response.Write    "你辛苦了"                  '输出字符串
%>
```

它的省略用法如下：

```
<%=变量或字符串%>
<%= name & "你好"%>
〈%="你辛苦了"%〉
```

（5）Redirect

Redirect方法使浏览器立即重定向到程序指定的URL。

语法：

```
Response.Redirect 网址变量或字符串
```

如：

```
<%
Response.Redirect "http://www.163.com  "          '引导至163网站
Response.Redirect "login.asp"                     '引导至login界面
Response.Redirect   name                          '引导至变量表示的网址
%>
```

由上可以得出结论，利用语句Response.redirect的重定向功能，可以引导客户至另一页面。

（6）Response对象的Buffer属性

Buffer属性是Response对象使用较多的属性之一。它主要用来控制是否输出缓冲页，也就是控制何时将输出信息送至请求浏览器，Buffer属性的取值可以是True或False，若取True为使用缓冲页，反之亦然。

5.1.3 拓展训练——制作"Response.redirect用法示例"网页

例5-3：选中图5-3中的任一项，则网页重定向到相对应的网页。

图5-3　Response.redirect用法示例网页效果图

操作提示：

1）先写表单部分的代码。如下：

```
<form name=form1"method="post" action="">
```

请选择学习内容：

```
<hr>
<br>
<input type ="radio" name ="user-type" value="table">学习表格<br>
<input type ="radio" name ="user-type" value="find">使用搜索<br>
<input type ="radio" name ="user-type" value="mail">申请邮箱<br>
<input type ="radio" name ="user-type" value="news">学习新闻<br>
<input type="submit" value="确定">
</form>
```

2）当鼠标单击"确定"后，网页重定向到相对应的网页。则代码如下：

```
<%
If Request.form("user-type")="table"  then
Response.Redirect"../ch2/2-19.htm"                '引导至表格网页
Elseif Request.Form("user-type")="find" then
```

```
Response.Redirect    "http://www.baidu.com"                '引导至百度搜索页
'引导至框架网页
Elseif Request.Form("user-type")="mail" then
Response.Redirect    "http://www.126.com"                  '引导至126网页
Elseif Request.Form("user-type")="news" then
Response.Redirect    "http://www.sohu.com"                 '引导至搜狐网页
End if
%>
```

例5-4：联合使用Clear方法与End方法，在一个页面中有两首唐诗，通过使用缓存，随机显示任意一首诗。网页效果如图5-4所示。

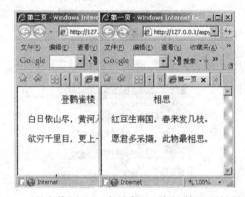

图5-4 联合使用Clear方法与End方法的网页效果图

操作提示：

1）使用缓冲区代码如下：

```
response.buffer=true %>
```

2）第一首诗的代码如下：

```
<p align="center">相思</p>
<p align="center"> 红豆生南国，春来发几枝。</p>
<p align="center"> 愿君多采撷，此物最相思。</p>
</body>
```

3）联合使用clear方法和end方法，随机显示一首诗部分的代码如下：

```
<%
randomize
if int(2*rnd)=1 then response.end
response.clear
%>
```

4）第二首诗的代码请依照第一诗的代码写即可。

5.2 Server对象及应用

5.2.1 制作"Server对象应用"网页

例5-5：Server对象的HTMLEncode方法和属性ScriptTimeout的应用。

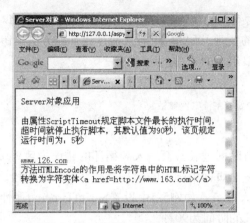

图5-5 Server对象应用网面效果图

操作步骤：

1）打开EditPlus编辑器软件。

2）在编辑器中书写如下代码：

```
<!--规定该页脚本运行时间为5秒 -->
<%Server.ScriptTimeout=5%>
<html>
<head>
<title>Server对象</title>
</head>
<boby>
<p>Server对象应用<p>
<%
Response.write "由属性ScriptTimeout规定脚本文件最长的执行时间，超时间就停止执行脚本，其默认
值为90秒，该页规定运行时间为："
Response.write Server.ScriptTimeout          '输出页面运行的最长时间
Response.write "秒"
%>
<p>
<%
Response.Write "<a href='http://www.126.com'>www.126.com</a>"
Response.Write "<br>"
Response.Write  Server.HTMLEncode("方法HTMLEncode的作用是将字符串中的HTML标记字符转换为
字符实体<a href=http://www.163.com></a>")
%>
</boby>
</html>
```

3）将文件用5-5.asp保存。

4）在浏览器中运行网页效果如图5-5所示。

5.2.2 知识讲解——Server对象及应用

1. Server对象的简介

Server对象是处理Web服务器上的特定任务，特别是与服务器的环境和处理活动有关的任务。Server对象提供了非常有用的属性和方法，主要用来创建COM对象和Scripting组件、转化数据格式、管理其他网页的执行。如Server对象通过属性和方法来访问Web 服务器，从而实现对数据、网页、外部对象、组件的管理。

语法：

```
Server.方法|属性    (变量或字符串|=整数)
```

2. Server对象的属性

为了防止ASP网页运行时间过长甚至进入死循环的错误导致Web服务器过载问题，可以使用ScriptTimeout属性决定一个页面中脚本的运行时间，默认为90秒。如果超出最长时间就自动停止运行，该时间可以增大调节。如例5-5中设置ScriptTimeout属性为90秒，并在浏览器中显示ASP程序允许运行的最长的时间为90秒。

Server对象的属性如表5-4所示。

表5-4　Server对象的属性

属　　性	说　　明
Scripting	用来规定脚本文件最长的执行时间，超过时间就停止执行脚本，其默认值为90秒

3. Server对象的方法

Server对象的方法如表5-5所示。

表5-5　Server对象的方法

方　　法	说　　明
CreateObject	用来创建已注册到服务器的ActiveX组件、应用程序或脚本对象
HTMLEncode	将字符串转成HTML格式输出
URLEncode	将字符串转成URL的编码输出
MapPath	将路径转化为物理路径

（1）CreateObject方法

CreateObject方法是Server对象中最重要、最常用的方法，主要用于创建组件、应用对象或脚本对象的实例，在后面要讲到的存取数据库、存取文件时经常会用到。

语法：

```
Server.CreateObject (ObjectParameter)
```

说明：

其中，ObjectParameter是指要创建的ActiveX组件类型。ObjectParameter的格式如下：

```
[出版商名.]组件名[.版本号]
```

（2）HTMLEncode方法

HTMLEncode方法在Server对象中是用来转化字符串，它可以将字符串中的HTML标记字符转换为字符实体。

语法：

```
Server.HTMLEncode(变量或字符串)
```

说明：

在ASP编程过程中，有时为了特殊的需要，不得不向屏幕输出一些HTML或ASP语言的特殊标记，如<%和>等标记，这时就需要用到Server对象的HTMLEncode方法。参见例5-3，仔细体会其用法。

（3）URLEncode方法

Server对象的URLEncode方法也是用来转化字符串，它可以将其中的特殊符号，如把空格转化为相应的URL编码"+"。

语法：

```
Server.URLEcconde(字符串)
```

（4）MapPath方法

MapPath方法是将指定的虚拟路径（相对路径或绝对路径）转换成实际的物理路径。

语法：

```
Server.MapPath(虚拟路径字符串)
```

如：

```
<%
Response.Write Server.MapPath("a.asp")
%>
```

执行后会在浏览器中显示a.asp的绝对路径。请有兴趣的读者执行此代码。

说明：

MapPath方法是将一个文件的相对路径转化成物理路径。此种方法在执行数据库操作、文件上传等操作时经常使用。

5.2.3　拓展演练——制作"用MapPath方法转换路径"网页

例5-6：用MapPath方法转换路径。执行后网页效果如图5-6所示。

图5-6　用MapPath方法转换路径网页效果图

操作提示：

使用MapPath方法将指定的虚拟路径转换成实际的物理路径的代码如下：

```
<%
    Response.write "<tr><td>服务器的根目录是："
```

```
Response.write "<td>" & Server.MapPath("/")
Response.write "<tr><td>当前目录是: "
Response.write "<td>" & Server.MapPath("./")
Response.write "<tr><td>当前的文件是: "
Response.write "<td>" & Server.MapPath("5-2.asp")
%>
```

5.3 Request对象简介及Form的使用

5.3.1 制作"收入情况调查、反馈"网页

例5-7：使用Form方法获取表单上的信息。在"收入情况调查"网页上输入信息并鼠标单击"确定"按钮后，页面转到"收入情况调查－反馈信息"页。

图5-7 收入情况调查（Form方法）网页效果图

操作步骤如下：

1）打开EditPlus编辑器。

2）在编辑器中书写"收入情况调查"的代码如下：

```
<html>
<head>
    <title>收入情况调查</title>
</head>
<boby>
    <form name="test" method="post" action="5-7-1.asp">
        请如实填写下面信息：<br>
        姓名<input type="text" name ="name"><br>
        性别<input type="text" name ="sex"><br>
        职务<input type="text" name ="work"><br>
        收入<input type="text" name ="shou"><br>
        <p>
        <input type="submit" value="确定">
    </form>
</boby>
</html>
```

3）在编辑器中书写"收入情况调查-反馈信息"页的代码如下：

```
<html>
<head>
<title >收入情况调查-反馈信息</title>
</head>
<boby>
  <%
  Dim a,b,c,d
    a=Request.Form("name")&" "
    b= Request.Form("work")&" "
    c= Request.Form("sex")&" "
    d= Request.Form("shou")&" "
    Response.Write a+b+c+d
%>
</boby>
</html>
```

4）将文件分别用5-7.asp和5-7-1.asp保存。

5）在浏览器中运行网页效果如图5-7所示。

5.3.2　知识讲解——Request对象及Form的使用

1. Request对象简介

在网络中，经常需要填写表单，以向服务器提交信息。单击"提交"按钮后就可以将数据传送到服务器端。这个过程是由ASP提供的内部对象Request来完成的。所以说，Request对象是用来从客户端浏览器获取信息的对象。

语法：

Request[.集合|属性|.方法]（变量或字符串）

说明：

程序会以QueryString、Form、Cookies和ServerVariables的顺序搜索所有方法和确定是否有信息输入。如果有则会返回获得的变量信息。

Request对象提供了5个获取方法、1个属性、1个方法，分别如表5-6、表5-7、表5-8所示。

表5-6　Request对象的获取方法

获取方法名称	说　　明
ClientCertificate	取客户端浏览器的身份验证信息
Cookies	取客户端浏览器的Cookies信息
Form	取得客户端在表单中输入的信息
QueryString	从查询字符串中读取用户提交的数据
ServerVariables	取得服务器端环境变量信息

表5-7　Request对象的属性

属　　性	说　　明
TotalBytes	取得客户端响应数据字节大小

表5-8　Request对象的方法

方　　法	说　　明
BinaryRead	以二进制码的方式读取客户端传送的数据

2. Request对象的Form获取方法

（1）ASP与表单的交互

上网时经常需要填写注册信息的一些界面，如实现网上邮箱的注册、网上调查信息、搜索站点内容、在线记录会议过程等。这些就是由HTML提供的Form表单实现的。Form表单通常包括文本框、按钮、单选框、复选框等基本元素，当填写完毕后，单击"确定"或"提交"按钮就可以将客户端的信息传送到服务器端，服务器端就可以进行处理了。

网页中的表单与获取方法Form是两个不同的概念，虽然它们的英文名称相同。表单的功能是在客户端接受用户的输入信息，是在客户端由浏览器解释的HTML标记，而方法Form则是在服务器端的一种数据结构。

（2）FORM表单语法

在HTML网页中，表单以标记<form></form>开始和结束。表单标记的语法格式如下：

```
<form   name=该form 的名称>
        method=表单上传方法，取值为post或get，通常取值为post
        acction=处理程序的网址
        enctype=数据传送mime类型，通常可以省略
        onsubmit=按下onsubmit所调用的程序，通常可以省略
        form表单元素（如文本框、单选框、复选框等 ）
</form>
```

5.3.3　拓展训练——制作"个人信息"网页

例5-8：请使用Form获取图5-8中输入的信息，点"提交"按钮后如图5-9所示。

图5-8　个人信息网页效果图

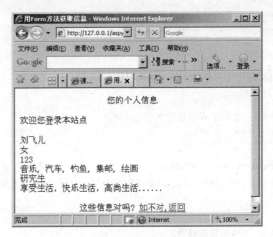

图5-9 用Form方法获取信息的网页效果图

操作要点提示：

1）图5-8的程序代码如下：

```html
<html>
  <head><title>个人信息</title></head>
  <body>
    <p align=center>输入数据的表单
    <form action="5-8-1.asp" method="post">
    <table align=center border=1>
    <tr valign=baseline>
        <td>姓名：<input type="text" name="xm" size=8>
        <td>性别：男<input type="radio" name="xb" value="男" checked>
                  女<input type="radio" name="xb" value="女">
        <td>密码：<input type="password" name="mm" size=12>
    <tr><td colspan=3>爱好：
        <input type="checkbox" name="ah" value="音乐">音乐
        <input type="checkbox" name="ah" value="汽车">汽车
        <input type="checkbox" name="ah" value="钓鱼">钓鱼
        <input type="checkbox" name="ah" value="集邮">集邮
        <input type="checkbox" name="ah" value="绘画">绘画
    <tr><td>学历：<br>
        <select name="xl" style="width:100px" size=4>
          <option value="小学">小学
          <option value="中学">中学
          <option value="大专">大专
          <option value="本科" selected>本科
          <option value="研究生">研究生
        </select>
      <td colspan=2>生活格言：<br>
        <textarea name="adage" cols=30 rows=4></textarea>
    </table>
    <p align=center><input type="submit" value="提交">
        <input type="reset" value="重写">
```

```
        </form>
    </body>
</html>
```

2）用for…next语句使用Form方法获取图5-8中的信息。

```
<body>
    <p align="center">您的个人信息<p>
    <p>欢迎您登录本站点<p>
<%
    for i=1 to request.form.count              'FOR循环终值用request.form.count取得
        response.write(request.form(i)&"<br>")   '输出form方法获取的信息
    next
%>
    <p align="center">这些信息对吗?
    <a href="5-8.asp">如不对,返回</a></p>              '链接返回
</body>
```

5.4　使用Querystring方法

5.4.1　制作"购买软件订单"网页

例5-9：为某软件供应商制作一个用户订单，用于接收客户的姓名、联系电话、身份证号等信息。用QueryString接收信息并反馈。在浏览器中运行后的网页效果如图5-10和图5-11所示。

操作步骤如下：

1）打开EditPlus编辑器。

2）在编辑器中书写如下订单代码：

```
<html>
<head>
<meta http-equiv="content-type" content="text/html; charset=gb2312">
<title>购买软件订单</title>
</head>
 <body>
<div align="center">
  <p align="left"><font size="+2" face="宋体"><strong>购买软件订单</strong></font></p>
  <p align="left"><strong>请输入以下信息，确保输入无误后，单击"提交"按钮。</strong>：</p>
</div>
<form name="form1" method="get" action="5-9-1.asp">
  <p> 姓    名
    <input name="xm" type="text" id="xm">
    联系电话
    <input name="lxdh" type="text" id="lxdh">
  </p>
  <p> 身份证号
    <input name="sfzh" type="text" id="sfzh">
    邮政编码
```

```html
      <input name="yzbm" type="text" id="yzbm">
  </p>
  <p> 软件名称
    <select name="rjmc" id="rjmc">
      <option value="photoshop cs3">photoshop cs3</option>
      <option value=" vb6.0">vb6.0</option>
      <option value="office 2003" >office 2003</option>
    </select>
    数    量
    <input name="sl" type="text" id="sl">
  </p>
  <p> 地    址
    <input name="dz" type="text" id="dz" size="53">
  </p>
  <p> 付款方式
    <input name="fkfs" type="radio" value="现金" checked>
    现金
    <input type="radio" name="fkfs" value="信用卡">
    信用卡 </p>
  <p>
<input type="submit" name="submit" value="提交">

    <input type="reset" name="submit2" value="重置">
  </p>
</form>
<p> </p>
</body>
</html>
```

3) 提取数据信息的程序代码如下：

```html
<% @ language = "vbscript" %>
<html>
<head>
<meta http-equiv="content-type" content="text/html; charset=gb2312">
<title>接收用户订单信息</title>
</head>
<body>
<p><strong><font size="+2">用户信息如下：</font></strong></p>
<table width="477" height="157" border="2" cellpadding="3" cellspacing="0">
  <tr align="center" bgcolor="#0000cc">
    <td width="72"><font color="white">姓名</font></td>
    <td width="138"><font color="white">
    <% =request.querystring("xm") %></font></td>
    <td width="73"><font color="white">联系电话</font></td>
    <td width="158"><font color="white">
    <% =request.querystring("lxdh") %></font></td>
  </tr>
  <tr bgcolor="#ffffcc">
```

```
    <td align="center">身份证号</td>
    <td><% =request.querystring("sfzh") %></td>
    <td>邮政编码</td>
    <td><% =request.querystring("yzbm") %></td>
  </tr>
  <tr bgcolor="#ccff99">
    <td align="center">软件名称</td>
    <td><% =request.querystring("rjmc") %></td>
    <td>数量</td>
    <td><% =request.querystring("sl") %></td>
  </tr>
  <tr bgcolor="#ffffcc">
    <td align="center">地址</td>
    <td colspan="3"><% =request.querystring("dz") %></td>
  </tr>
  <tr bgcolor="#ccff99">
    <td align="center">付款方式</td>
    <td colspan="3"><% =request.querystring("fkfs") %></td>
  </tr>
</table>
<p><strong><font size="+2"></font></strong></p>
</body>
</html>
```

4）分别用文件5-9.asp、5-9-1.asp保存。

5）在浏览器中运行后的网页效果如图5-10和图5-11所示。

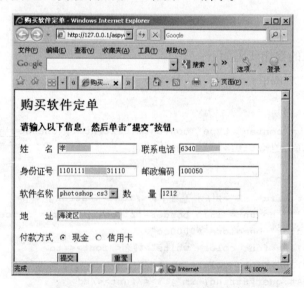

图5-10　购买软件定单的网页效果图1

图5-11　用QueryString方法取得定单信息的网页效果图2

5.4.2　知识讲解——使用Querystring方法

Request对象的QuerySt ring方法

QueryString方法是Request对象中最常用的一个方法，与Form方法类似。唯一不同的是，QueryString方法读取参数时，HTML表单的Method应设置成Get。见例5-9。

5.4.3　拓展训练——制作"用QueryString方法提取数据信息"网页

例5-10：请在例5-8中用QueryString方法提取数据信息。在浏览器中运行结果与图5-8和图5-9完全一样。

操作要点提示：

1）将HTML表单的Method设置成Get。指定文件修改为5-10-1.asp。即<form action="5-10-1.asp" method="get">

2）将程序文件5-8.asp中提取信息段程序改为：

```
<%
    For I=1 to Request.querystring.count
        Response.Write(Request.Form(I)&"<BR>")
    Next
%>
```

3）将文件分别用5-10.asp、5-10-1.asp保存。

5.5　使用Cookies方法

5.5.1　用HTML和脚本语言制作的"计数器"网页

例5-11：用Cookies显示浏览者是第几次光临本站。如图5-12所示。

操作步骤如下：

1）打开EditPlus编辑器。

2）在编辑器中书写如下代码：

```
<%response.buffer=True       %>
<html>
<head><title>网页计数器</title>
</head>
<body>
<%
dim visitetimes
dim i
i=request.cookies("visitetimes")        '读取Cookies值
if visitetimes = " " then
   i=1                                   '如果是第一次访问，则令访问次数为1
else
  i=i+1                                  '如果不是第一次访问，则令访问次数加1
end if
response.write"你是第" &i&"次访问本站！"
response.cookies("visitetimes")=i        '将新的访问次数存到Cookies中
%>
</body>
</html>
```

3）将文件用5-11.asp保存。

4）在浏览器中运行效果如图5-12所示。

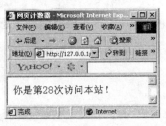

图5-12　网页计数器的效果图

5.5.2　知识讲解——使用Cookies方法

1. Cookies基本知识

（1）Cookies的定义

Cookies是数据包，可以在客户端长期保存信息。它是服务器端发送到客户端浏览器的文本。它保存在客户端的硬盘上，一般在Windows系统的临时文件下的Cookies文件里。每个网站都可以有自己的Cookies，可以随时读取，不过每个网站只能读取自己的Cookies。

（2）Cookies作用的持久性

Cookies有两种形式：会话Cookies和永久Cookies。前者是临时性的，只在浏览器打开时存在；后者则永久地存在用户的硬盘上并在指定日期之前可用。

（3）Cookies对于访问者的作用

当你第一次访问一个网站时，它会将有关信息保存在用户计算机硬盘的Cookies文件夹里，下一次访问该网站时，它就会读取用户计算机上的Cookies，并将新的信息保存在用户的计算机上。这样便于加快用户访问同一网站的速度。

2. 使用Response对象设置Cookies

Cookies是通过Response对象的Cookies来创建的。Cookies共有5个属性，指定Cookies属性及说明如表5-9所示。

表5-9　Response的Cookies方法属性及其说明

名　称	说　明
Expires	只可写入，指定该Cookies到期的时限
Domain	只可写入，指定Cookies仅送到该网域
Path	只可写入，指定Cookies仅送到该路径（Path）
Secure	只可写入，设置该Cookies的安全性
Hankeys	只读，指定Cookies是否包含关键字，也就是判定Cookies文件夹下是否包含其他Cookies

语法：

```
Response.Cookies (Cookies名) [key].[属性]=值
```

说明：

- Cookies名是用户自定义的Cookies名称。
- 使用Cookies方法设置Cookies时，如果该Cookies不存在，那么ASP会自动生成一个；反之，会将该值更新。
- 在文件开头如果有<%Response.Buffer=True%>语句，那么Response.Cookies可以用在文件的任意位置，否则必须放在HTML元素的前面。

示例：

1）设置一个不含key的Cookies：

```
<%Response.Cookies("username")="李军"%>
```

2）设置Cookies有效期：

```
<%Response.Cookies("username").Expires=#2004-10-2#%>
```

说明：

如果要使一个Cookies立即消失，设置为过去的日期就行了。

3. 使用Request对象设置Cookies

利用Request对象的Cookies方法的目的在于获取Cookies的值。

语法：

```
Request.Cookies (Cookies名) [key].[属性]
```

如：

```
<%Response.Cookies("username")="李军"              '创建Cookies
Response.Write  Request.Cookies("username")     '获取Cookies值
%>
```

5.5.3　拓展训练——制作"Cookies用法示例"网页

例5-12：使用Response.Cookies创建Cookies，用Request.Cookies来读取。运行效果如图5-13所示。

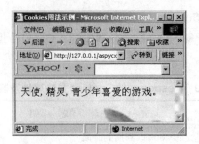

图5-13 Cookies用法示例网页效果图

操作要点提示：

1）使用Response.Cookies创建Cookies的代码如下：

```
Response.Cookies("name")="天使"
Response.Cookies("name2")="精灵"
Response.Cookies("name3")="青少年喜爱的游戏"
```

2）使用Request.Cookies获取Cookies的代码如下：

```
Response.Write  Request.Cookies("name")&","
Response.Write  Request.Cookies("name2")&","
Response.Write  Request.Cookies("name3")&"。"
```

3）网页背景图为f2.jpg。

上机实训5 ASP程序与ASP内置对象

目的与要求：

练习使用Request对象Form获取信息，并用Response对象的Write方法输出信息。

上机内容：

（1）练习输出语句的使用。根据不同日期，输出不同问候语。请填空，将文件用lx5-1.asp保存，在浏览器中显示效果如图5-14所示。（源程序文件在ch5目录的lx文件夹下，以下不再赘述。）

源程序lx5-1.asp如下：

```
<html>
<head><title>问候</title></head>
<body>
<font size=5 face=隶书 color= blue>
判断日期后，给出不同的问候语<HR>
    <P align=center>
<%
  Dim x
  Dim t
  x=WeekDay(date)
 t=date()
if x=1 Or x=7 then
_____"您好! 今天是" & _____ & "<p>"
    Response.write "<P align=center>好好休息呀，保持好心情! 将青春永驻"
    Response.write "<P align=center> 现在时间是: "_____
```

```
else
    Response.write "您好! 今天是" & weekdayname(x) & "<p>"
    Response.write "<P align=center> 开心工作, 快乐工作! 保持好心态!"
    Response.write "<P align=center> 现在时间是: "&t&"<br>"&time()
end if
%>
</font>
  </body>
</html>
```

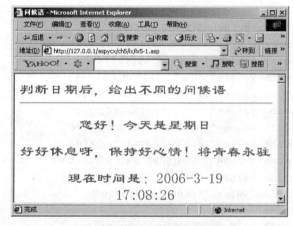

图5-14 输出语句网页效果图

（2）使用Form表单建立一个有关手机消费的问卷调查，要求具有：姓名、性别、职业、年龄、收入、消费场所（家中、办公室、外出等）、建议，表单各项目应根据需要设置相应类型。填空后在浏览器中显示效果如图5-15所示。

源程序lx5-2.asp如下：

```
<html>
  <head><title>手机消费调查表</title></head>
  <body>
    <P align=center><font size=5 face=华文新楷 color=blue>手机消费调查表
    <font size=5 face=宋体 color=blue>
    <Form Action="lx5-3.asp" Method="post">
    <table aligN=Center Bordercolor=pink border=1>
      <tr valign=baseline>
        <td><font size=4 face=华文楷体 color=blue>
        姓名:<Input Type="text" Name="xm" Size=8>
        <td><font size=4 face=华文楷体 color=blue>
        性别: 男<Input Type="radio" Name="xb"  Value="男" Checked>
              女<Input Type="radio" Name="xb" Value="女">
        <td><font size=4 face=华文楷体 color=blue>
        年龄: <Input Type="text" Name="nl" Size=3>
      <tr>
        <td><font size=4 face=华文楷体 color=blue>
        职业: <br>
```

```
        <Select Name="zhy" style="width:100px" size=4>
          <option value="教育">教育业
          <Option Value="金融">金融业
          <option value="计算机">计算机
          <option value="商业">商业
          <option value="服务业">服务业
          <option value="公务员">公务员
          <option value="制造业">制造业
          <option value="广告业">广告业
          <Option Value="其他">其他
        </select>
    <td><font size=4 face=华文楷体 color=blue>
      收入：<br>
        <Select Name="shr" style="width:100px" size=4>
          <Option Value="1000以下">1000以下
          <option value="1000至2000">1000至2000
          <option value="2000至3000">2000至3000
          <option value="3000至4000">3000至4000
          <option value="4000至5000">4000至5000
          <option value="5000至6000">5000至6000
          <option value="6000至10000">6000至10000
            <Option Value="10000以上">10000以上
        </select>
    <td><font size=4 face=华文楷体 color=blue>
      使用场所（家中、办公室、外出等）：<br>
      家    中<Input Type="radio" Name="xfhj" Value="经常"><br>
      办公室<Input Type="radio" Name="xfhj" Value="一般" Checked><br>
      外出时<Input Type="radio" Name="xfhj" Value="时常">
  <tr> <td colspan=3><font size=4 face=华文楷体 color=blue>
      建议：<br><Textarea Name="jy" Cols=70 Rows=4></textarea>
  </TABLE><p align=center>
  <Input_____Value="提交">
  <Input_____" Value="重写">
  </form>
  </body>
</html>
```

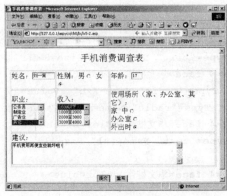

图5-15 表单使用

（3）请使用Request对象读取第2题中相应的值，并使用Response对象显示在屏幕上，要求显示的格式整齐美观。填空后，程序执行效果如图5-16所示。

源程序lx5-3.asp如下：

```
<html>
  <head><title>读取并显示调查表内容</title></head>
  <body>
    <p align="center"><font size=4 face=华文楷体 color=blue>读取并显示调查表内容</P>
    <p>谢谢您接受调查，您填写的内容如下：</p>
    <table align=center border=2 width=500 Bordercolor=pink>
    <%
      _____
      xb=Request.Form("xb")
      _____
      zhy=Request.Form("zhy")
      shr=Request.Form("shr")
      xfhj=Request.Form("xfhj")
      jy=Request.Form("jy")
    %>
    <tr><td>姓名:<%=xm%><td>性别:<%=xb%><td>年龄:<%=nl%>
    <tr><td>职业:<%=zhy%><td>收入:<%=shr%><td>使用:<%=xfhj%>
    <tr><td colspan=3 cols=70>建议:<%=jy%>
    </TABLE><P align="center">请核对信息!
<a href=_____>若修改，请返回</a></P>
</body>
</html>
```

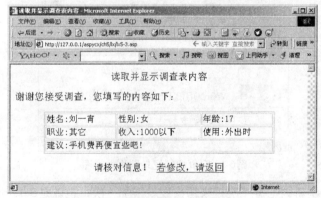

图5-16 使用Request对象

思考与练习

简答题

1．请简述Response的Write方法有几种写法，区别在哪？

2．Redirect方法和超链接的主要区别是什么？

3．请简述Form获取方法都有哪些应用？与Querystirng 获取信息方法有哪些不同？

4．请分别使用Response对象的Cookies方法和Request对象的Cookies方法设置和读取Cookies的值，在个人主页上判断客户是第几次访问本站。

第6章 Session和Application对象

学习要点：

- Session对象及使用
- Application对象及使用
- 应用程序与Global文件

本章任务：

掌握并理解ASP基本对象中的Session和Application对象，学会运用对象的各种方法或属性解决实际问题。

6.1 Session对象及使用

6.1.1 制作"网页访问记录"网页

例6-1：使用Session变量计数。

图6-1 网页访问记录网页效果图

在这个实例中每刷新浏览器一次，来访次数就增加一次，也就是Session自动计数一次。

操作步骤如下：

1）打开EditPlus编辑器。

2）在编辑器中书写如下代码：

```
<html>
<head>
<title>网页访问记录</title>
</head>
<body>
<img src=../pic/corect.gif >
<font color="#ff0090" size="5" face="方正姚体">welcome to 音乐动感网站</font>
```

```
<hr>
<%
    Session ("counter")=Session ("counter")+1      '创建Session, 并给Session赋值
%>
    <font size=5 face=隶书 color= blue>
        您是第<%=Session("counter")%>次来访!            '输出Session 变量的值
</font>
</body>
</html>
```

3）将文件用6-1.asp保存。

4）在浏览器中运行效果如图6-1所示。

6.1.2 知识讲解——Session对象及使用

在上网时，利用超链接可以很方便地从一个页面跳转到另一个页面。但是这样也带来一个问题，如何记录客户信息呢？比如，在首页客户输入了自己的用户名和密码，用什么来记住用户名呢？

到目前为止，我们已经学过了两种方法。

方法一：利用Request对象的QueryString方法一页一页传递过去。这种方法的缺点是太麻烦。

方法二：利用Cookies保存用户名。

这节再来学习一种更简洁的方法，即利用Session对象。

1. Session对象简介

Session对象存储特定用户的信息。当用户浏览Web站点时，使用Session可以为每一个用户保存指定的信息。也就是说客户在该网站的任何一个页面都可以存取Session信息。如图6-2所示。

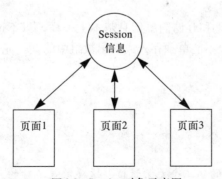

图6-2　Session对象示意图

需要注意的是：一个Session的值对于一个用户是相同的，对于不同的用户是不同的。当用户在网站的页面间跳转时，存储在Session对象中的变量不会清除。比如：当一个人去超市购物要存包时，管理员会给他分配一个柜子存放他自己的衣物，当他购物完离开后，管理员会把柜子分配给其他人。这里的Session就好比是超市的存包柜，对每个登录网站的人都分配一块空间以存放与他有关的信息，当他离开后或长时间不刷新界面时，就收回空间再分给其他人。

Session对象有如两个属性：

1）SessionID——存储用户的SessionID；

2）Timeout——Session的有效期时长。

Session对象的方法只有一个：

Abandon——清除Session对象。

Session对象事件有两个，且必须和后面6.3节要介绍的Global.asa结合使用：

1）Session_OnStart——一个Session对象开始前触发该事件。

2）Session_OnEnd——一个Session对象结束时触发该事件。

下面主要将介绍利用Session存储信息和Timeout、Abandon的使用。

2. 利用Session存储信息

利用Session存储信息其实很简单，可以很容易地把变量或字符串等信息保存在Session中。

语法：

```
Session（"Session名字"）=变量或字符串信息
```

说明：

创建一个Session和给一个Session赋值语法一样，第一次给一个Session赋值时可以自动创建，以后再赋值就是更改其中的值了。

如：

```
<%
Session("name")=John              '创建Session并将变量John存入
Session("sex")="男"               '创建Session并赋值
Session("age")=17
Session("name")=John-Tom          '更改Session的值
%>
```

3. 利用Session存储数组信息

利用Session存储数组信息和存储简单信息基本上一样，只不过要记住：Session把传入的数组当做一个整体，也就是说不能单独存入或取出数组中的某一元素。

如：

```
<%
Session("arry(2)") ="李飞"
%>
```

说明：

这句代码试图给数组arry的第二个元素赋值，这样做是不对的。

4. Session对象的属性

Session对象共有4种属性，分别是SessionID属性、TimeOut属性、LCID属性和CodePage属性。通过对属性的设置，可以实现对用户身份的标识，刷新时间的限制，日期、时间、货币显示格式的控制等。

（1）SessionID属性

SessionID属性返回用于当前会话的唯一标识符。在Web站点上，每一个用户刚登录时，它将自动分别为每一个Session分配不同的编号。在新的Session开始前将SessionID存储在客户端的浏览器中，以便下次访问服务器时使用。

Session对象的SessionID属性是一个只读属性，它一般在IIS的内部使用，以识别在Session中的访问者，有时也用于Web页面的注册统计。

语法：

```
Session.SessionID
```

可以使用两种方法来访问SessionID的值：

```
1)<%=SessionID%>
2)<%Response.Write(Session.SessionID)%>
```

（2）Timeout属性

对于一个登录到ASP应用程序的用户，Session对象是不是一直有效呢？不是的，Session对象有它的有效期，默认为20分钟。如果用户在系统默认的时间内未进行其他任何操作，当设置的时间一到，该Session对象就会自动结束。这样可以防止系统资源浪费。

Session对象的Timeout属性用来设置"过期时间"，方法是：

- 在ASP的注册表中修改系统默认值；
- 用Session对象的Timeout属性可以更改。不过，请注意用该属性更改的有效期长度不能低于默认值。

语法：

```
Session.Timeout=MaxTime
```

说明：

1）MaxTime是会话超时的时间，以整分钟计。

2）在使用Session对象时，经常会发生错误，比如丢失了用户名等信息，就是因为有效期的问题。在某些页面一定要注意修改有效期，比如考试系统等。

如：

```
<%
Session. Timeout=40      '将有效期改为40分钟
%>
```

5. Session对象的方法

Session对象到期会自动清除，也就是说Session对象的生命周期起始于浏览器第一次与服务器联机时，终止于浏览器结束联机时，或浏览器超过20分钟不再向服务器端提出请求或刷新Web页面时。若需要在不需要Session对象的时候，以手动的方式强制结束Session对象，这就需要调用session对象的Abandon方法。

语法：

```
Session.Abandon
```

说明：

Session对象的Abandon方法只是用来取消Session变量，但并不取消Session对象本身，Session变量的清除也是本脚本执行完以后才进行的。

6.1.3 拓展训练——制作"不同页面间调用Session的值"网页

例6-2：使用Session存储信息，并在不同页面间传递信息的用法。如图6-3和图6-4所示。

图6-3 利用Session存储信息的网页效果图

图6-4 显示Session信息的网页效果图

操作要点提示：

1）在图6-3中使用Session来存储信息。主要代码如下：

```
<%
    Dim user_name,age
    user_name="李飞"                         '这里为了简单，直接赋值了
    age=16
    Session("user_name")=user_name           '给Session赋值，即自动创建
    Session("age")=age
    response.write "<a href='6-2.asp'>单击显示session用户信息</a>"    '链接到另一文件
%>
```

2）在图6-4中提取Session存储信息，实现页面间session值的调用。主要代码如下：

```
<%
    Dim user_name
    'session.abandon                          '如果取消注释，将不显示Session值
    user_name=Session("user_name")            '将Session值赋给变量
    response.write user_name & "您好，欢迎走进ASP精彩世界<br>"
    response.write "您的年龄是" & Session("Age")      '直接使用Session值
%>
```

3）图6-3、图6-4的背景图分别为0077.gif和0172.gif。

说明：

- 这个实例演示了Session在不同页面中传递信息的用法，就像前面介绍的，只要建立 Session后，在该网站的任何一个页面均可有效使用。
- 如果在第二段代码中使用session.abandon，abandon方法将Session清除，将不会显示 Session值。有兴趣的读者可以试一试。

例6-3： 通过Session对象在多个页面间交换用户信息，实现强制用户登录的页面，浏览效 果如图6-5所示。

图6-5　强制用户登录的网页效果图

操作要点提示：

用户如果不是从登录页6-3.htm进入，而是直接访问6-3-2.asp页面，则将跳转到登录页， 强制用户登录。

1）登录界面部分的代码如下：

```
<form id="form1" name="form1" method="post" action="6-3-1.asp">
  <p>用户名:
    <input name="user" type="text" id="user" size="12" >
</p>
  <p>密码:
    <input name="pwd" type="password" id="pwd" size="12" >
  </p>
  <p>
    <input type="submit" name="Submit" value="提交" >
  </p>
</form>
```

2）检查密码和记录Session 页面6-3-1.asp部分的代码：

```
<%
    user=request.form("user")
    pwd=request.form("pwd")
     '判断密码和用户名是否正确
    if pwd="pass" and user="admin" then
            session("id")=session.SessionID
            session("user")=user
%>
        用户名和密码正确.<br>
        欢迎<%=user%>进入本站。<br>
```

```
        进入<a href="6-3-2.asp">下一页。</a>
  <%
        else
%>
        用户名或密码错误，请重新输入!</p>
<p><a href="6-3.htm">单击这里返回登录页面。</a>
  <%
        end if
%>
```

3）6-3-1.asp将对6-3.htm提交的用户信息进行验证，验证无误后，通过下面的语句记录下用户的会话标识SessionID和用户名user。6-3-2.asp程序的部分代码如下：

```
<%
    f=request.form("btnexit")
    if f<>"" then                         '如果"退出登录"按钮被单击，则f不为空
        session.Abandon()                 '取消Session, 退出登录
        Response.Redirect "6-3.htm"
    end if
%>


<%
        '检查用户是否已经登录
        if session("id")<> session.sessionid then
            Response.Redirect "6-3.htm"          '如果没有，则转到登录页
        end if
%>
<body>
欢迎<%=session("user")%>光临本站。
<form name="form1" action="" method="post">
    <input name="btnexit" type="submit" value="退出登录">
</form>
```

6.2 Application对象及使用

6.2.1 制作"网页访问记录"网页

例6-4：请用Application变量实现网页计数效果。如图6-6所示。

图6-6 网页访问记录（使用Application变量编写）的网页效果图

操作步骤如下：

1）打开EditPlus编辑器。

2）在编辑器中书写如下代码：

```
<html>
<head>
<title>网页访问记录</title>
</head>
<body>
<img src=../pic/corect.gif >
<font color="#ff0090" size="5" face="方正姚体">welcome to 音乐动感网站</font>
<hr>
 <%
    counter=Application("counter")+1       '用Application变量计数赋值给counter
    Application("counter")=counter          '创建Application变量并赋值
%>
    <font size=6 face=隶书 color= blue>欢迎，您是第<%=counter%>位来访者</font>
</font>
</body>
</html>
```

3）将文件用6-4.asp保存。

4）在浏览器中运行效果如图6-6所示。

例6-5：使用Application创建聊天室，网页效果如图6-7所示。

图6-7 使用Application创建聊天室的网页效果图

操作步骤如下：

1）打开EditPlus编辑器。

2）在编辑器中书写如下代码：

```
<html>
<head>
<title>创建聊天室</title>
</head>
<body>
<font    face=方正姚体 color=f0f00ff0 >
<h2  align=center >利用Application，创建聊天室</h2></font>
<form  action=""  method="post"  name="form1">
<font       size=4 face=方正姚体 color=blue >
```

请留言: `<input type="text" name="mywords" size="20"></font>`
`<input type="submit" VALUE=" 确 定 ">`
`</form>`
`<%`
`mywords=request.form("mywords")`   '将每个聊天人说的话赋给一个变量
`Application.lock`   '锁住Application, 不允许别的用户修改
`application("chat_content")=application("chat_content")&"<br>"&mywords`   '每个
用户都将自己的话加入到Application对象中
`response.write application("chat_content")` '输出每个人说的话
`application.unlock`   '解开application, 以允许别的用户继续修改
`%>`
`</body>`
`</html>`

3)将文件用6-5.asp保存。

4)在浏览器中显示效果如图6-7所示。

6.2.2　知识讲解——Application对象及使用

在访问ASP网页时，Session对象记录的只是特定客户的信息，与此相反的是，Application对象可以记录所有客户的信息。

也就是说，不同的客户访问不同的Session对象，但许多客户可以同时访问公共Application对象。

1. Application对象简介

Application对象是让所有客户一起使用的对象，所有客户都可以存取一个Application对象。

Application对象不像Session对象有有效期的限制，它是一直存在的，从应用程序启动到应用程序停止。

在一个ASP应用程序中，如果同时访问的用户很多，就可能会出现很多用户同时修改一个Application变量的值，怎么办？Application对象有两个方法Lock和Unlock来解决这个问题。

1）Lock——锁定Application对象。用于保证同一时刻只有一个用户在对Application对象操作。也就是说Lock方法可以防止其他用户同时修改Application对象的属性。

2）Unlock——解除锁定。当一个用户调用一次Lock方法后，如果完成任务后，应该将其解开，以便其他用户能够访问，此时应该调用Unlock方法来解决。

Application对象有两个事件：也须和6.3节要讲的Global.asa结合使用。

3）Application_OnStart——Application开始前调用该程序。

4) Application_OnEnd——Application结束后调用该程序。

下面介绍利用Application存储信息及Lock和Unlock的使用。

2. 利用Application存储信息

Application的使用方法和Session很相似，可以把变量或字符串等信息很容易地保存在Application中。

语法：

`Application ("Application名字") =变量或字符串信息`

如：

```
<%
Application.Lock                          '锁定Application对象，以防止其他用户更改
Application("user_name")=user_name        '将user_name变量存入Application
Application("factory")="现代汽车公司"       '将字符串信息存入Application
Application.UnLock                        '解除锁定，以允许别人更改
%>
```

3. 利用Application存储数组信息

利用Application对象存储数组信息的方法和Session对象相似，也必须把数组作为一个整体存入或读取数据。但一定注意存储时别忘了Lock和Unlock。

6.2.3 拓展训练——制作"利用Application存储数组信息"网页

例6-6：利用Application存储数组信息。效果如图6-8所示。

图6-8 利用Application存储数组信息的网页效果图

操作要点提示：

1）先给数组赋值，然后将数组的值存入Application变量中。可用如下代码实现。

```
<%  Dim user_name(3)               '创建一维数组，并直接给其赋值
user_name(0)="李平"
user_name(1)="张枫"
user_name(2)="李良"
user_name(3)="李辰"
Application.lock                   '锁定Application对象，防止被其他用户修改
Application("姓名")=user_name      '将user_name存入Application变量中
Application.unlock                 '解除锁定，以允许修改
%>
```

2）利用Application输出数据组元素的值。其主要代码如下：

```
<% name=application("姓名")    %>
<tr><td>1.<td><%=(name(0))%>
<tr><td>2.<td><%=(name(1))%>
<tr><td>3.<td><%=(name(2))%>
<tr><td>4.<td><%=(name(3))%>
```

3）将数组元素的值放入表格内。使用表格标记来完成。

上机实训6　Session和Application对象

目的与要求：

练习并掌握Session和Application对象的使用。

上机内容：

（1）用户在Session对象中存储值，然后将值输出。将下面的填空补充完整，以使网页效果如图6-9所示。

程序lx6-1.asp的代码如下：

```
<%Option  Explicit%>
<html>
<head>
<title>使用Session存值</title>
</head>
<body>
<%
Dim  mynow
Dim  myuser
session("now")=now()
session("user")="tom"
mynow= _____  '将Session值赋给变量
myuser=Session("user")
response.write  "session的第一个值为："&mynow&"<br>"
response.write  "session的第二个值为：_____
%>
</body>
</html>
```

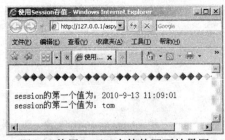

图6-9　使用Session存值的网页效果图

（2）使用Session对象和Application对象编写计数器程序。最后分别用Application对象和Session对象输出结果，以检验二者输出的一致性。将下面的填空补充完整，以使网页效果如图6-10所示。

程序lx6-2.asp的代码如下：

```
<html>
<head>
<title>使用Application与Session变量</title>
</head>
```

```
<body>
<P>使用Application与Session变量编写计数器程序<hr>
<%
counter=Application("counter")+1
Application("counter")=counter                '将值传给Application对象
_____
%>
<font size=5  face=隶书  color=blue>
Session对象输出：您是第<%=Session("_____")%>位来客<br>
</font>
<font size=5  face=隶书  color=yellow>
Application对象输出：您是第<%=application("counter")%>位来客
</font>
</body>
</html>
```

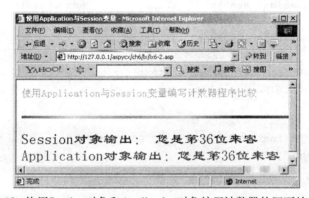

图6-10　使用Session对象和Application对象编写计数器的网页效果图

（3）小学生猜数字游戏。计算机随机产生一个10以内的整数，等待去猜。将下面的填空补充完整，以使网页效果如图6-11所示。

程序Lx6-3.asp的代码如下：

```
<script  language=vbscript>
Sub init()'初始化
frm1.number.Focus'获得焦点
frm1.number.select
EndSub
</script>
<html>
<head>
<title>小学生猜数游戏</title>
</head>
<body  onload=init>
<a  href="lx6-3.asp?  Number=0">重新猜</a>
<center><font  size=6  face=方正姚体 color=blue>小学生猜数游戏</font></center>
<hr><form  name=frm1  action="lx6-3.asp">
<%
if  not  IsNumeric(Request("Number"))  then
```

```
GuessNum=0
else
GuessNum=Cint(Request("Number"))
endif
Session("Count")=_____ '计次
If  GuessNum=0  then
session("Count")=0
Randomize            '初始化
session("Number")=Int(rnd*10+1)              '产生10以内的随机数
endif
response.write  "请输入1-10之间的整数:"
response.write"<input  type=text   name=Number   value="&GuessNum&"  size=8>"
response.write"<input   type=submit   value=提交>"
response.write"</form><hr><font    size=5   face=方正舒体   color=blue>"
if  session("Count")>0  then
if   GuessNum>session("Number")   then
response.write    "你猜的太大了<br>"
elseif  GuessNum<Session("Number"  )   then
response.write  "你猜的太小了<BR>"
elseif   GuessNum=session("Number")   then
response.write  "祝贺你,猜对了<BR>"
endif
endif
Response.write   "</font>共猜了"&Session("Count")&"次"
If  Session("Count")=5 then
Response.write   ",答案是"&Session("Number")
endif
%>
</body>
</html>
```

图6-11 小学生猜数游戏的网页效果图

思考与练习

一、选择题

1. Session对象默认的有效期为多少分钟?

    A. 10   B. 15   C. 20   D. 30

2. 下列哪个属性可以修改Session对象的有效期?

    A. SessionID   B. Timeout   C. Maxtime   D. Abandon

3. 在同一个应用程序的页面中执行Session.Timeout=35,那么在页面3中执行Response.write Session.Timeout,则输出值为多少?

    A. 35   B. 20   C. 25   D. 35*3

4. Session对象的什么方法可以清除Session变量?

    A. LCID   B. Contents.remove   C. Contents.removeall   D. Abandon

5. Application对象的默认有效期为多少分钟?

    A. 10   B. 20

    C. 应用程序从开始到结束   D. 25

6. 请问下列程序执行完毕后,mynow的值为多少?

```
<%
Session("aa")=now()
myNow=Session("aa")
response.write  mynow
%>
```

    A. now   B. "aa"   C. 输出当前日期和时间   D. now()

7. 使用Application对象的什么方法可以有效地防止Application对象的值同时被两个客户修改?

    A. Abandon   B. remove   C. Unlock   D. Lock

8. 每一个应用程序可能有多个文件或子文件夹组成,但只能有一个什么文件?

    A. 可执行文件   B. Global.asp   C. Global.asa   D. Global.htm

9. 请问在Global.asa文件中使用什么输出语句?

    A. msgbox   B. response.write   C. resquest   D. 不能包含任何输出语句

二、简答题

1. Session对象有哪两种结束方法,请详细说明。

2. 简述Application对象和Session对象各自的作用和最主要的区别。

三、上机题

1. 请分别使用Session对象和Application对象来存储数组数据,并进行对比。

2. 请在个人主页上加上当前在线人数和总访问人数。

第7章 ASP的内置组件

学习要点：

- 广告轮显组件
- 内容轮显组件
- 文件超链接组件
- 网页计数器组件

本章任务：

掌握并理解各种ASP的内置组件，学会运用组件解决网页中的实际问题。

7.1 广告轮显组件

7.1.1 制作"广告轮显"网页

例7-1：使用广告轮显组件，制作广告轮显的风景展示页。效果如图7-1所示。

图7-1 广告轮显的网页效果图

操作步骤如下：

1）打开EditPlus编辑器。

2）在编辑器中输入广告信息的文本文件(7-1.txt)代码如下：

```
redirect    7-2.asp          '用相对路径给出要建立的超链接的处理文件
width       240              '广告宽240
height      160              '广告高160
border      1                '广告边框1
*                            '用*号将文件分成两节，第一节提供了所有广告的信息；第二节为每个广告的特定数据。
```

```
../pic/1-2.jpg            '广告图片的相对路径
../ch2/2-3.htm            '图片1超链接的文件
第2章实例2-3               '当鼠标放在图片1上时显示的文件信息——替代文字
20                        '广告出现的几率

../pic/1-5.jpg
../ch2/2-4.htm
第2章实例2-4
30

../pic/1-8.jpg
../ch2/2-5.htm
第2章实例2-5
20

../pic/1-7.jpg
../ch2/2-6.htm
第2章实例2-6
20
```

3）在编辑器中输入如下代码，以便建立超链接处理文件（7-1.asp）。

```
<%
url=request("url")
response.redirect url
%>
```

4）在编辑器中输入如下代码，以便建立显示广告的程序文件（7-1-1.asp）。

```
<html>
<head>
<title>显示广告图片实例</title>
</head>
<body>
  <h3 align=center>图片欣赏</h3>
  <p  align=center>
<%
set objad=server.CreateObject("MSWC.AdRotator")
Border=1
objad.Clickable=True
objad.targetframe="target='_blank'"

response.write  objAd.GetAdvertisement("7-1.txt")
set objad=nothing
%>
</body>
</html>
```

5）将文件分别保存为7-1.txt、7-1.asp、7-1-1.asp。

6）在浏览器中运行效果如图7-1所示。每次刷新或重新登录，显示不同的广告图片。

说明：

广告出现的几率计算公式，以上面例子为例：

第2章实例2-1：20/（20+30+40）=2/9

第2章实例2-2：30/（20+30+40）=3/9

第2章实例2-3：40/（20+30+40）=4/9

7.1.2　知识讲解——广告轮显组件

使用广告轮显（AdRotate）组件可以轻松制作网页上轮换显示的广告。每次当客户端进入该网页或者刷新该网页时，显现出来的广告信息都是不同的。另外，广告轮显组件可以把信息放在一个专门的文本文件内，更改广告时只需要修改该文本文件即可，而不必修改网页ASP文件，这样添加、删除都非常方便。

1. 创建广告轮显组件的实例对象

使用AdRotate组件首先要创建一个AdRotate组件的实例——AdRotate对象：

```
Set 实例对象名=Server.CreateObject("MSWC.AdRotate")
```

2. 广告轮显组件的属性和方法

广告轮显组件的属性和方法分别如表7-1、表7-2所示。

表7-1　广告轮显组件的属性

属　　性	使 用 格 式	说　　明	备　　注
Border	BorderSize=size	指定显示广告图片的边框宽度	size表示像素值
Clickable	Clickable=value	指定广告图片是否提供超链接功能	value取True或False
Targetframe	Targetframe=frame	指定图标链接的目标框架	frame为框架名

表7-2　广告轮显组件的方法

方　　法	使 用 格 式
GetAdvertisement	GetAdvertisement（广告信息文本文件路径字符串）

3. 使用广告轮显组件

要使用广告轮显组件，需要以下3个文件。

1）广告信息文本文件。广告信息文本文件用来存放每个广告的图片路径、超链接网址、广告大小与边框大小等信息。当需要增加或删除广告信息时，只要修改该文本即可，并且该文件的名字可以任意命名。

2）超链接处理文件。引导客户到相应广告网页的ASP文件。

3）显示广告图片文件。这是放置广告图片的文件，可以在任意的ASP文件中使用广告轮显组件显示广告图片。

7.1.3　拓展训练——制作"网站图标轮显"网页

例7-2： 请依照例7-1书写如下程序，建立3张网站图标的轮流显示。当鼠标移到图标上时，显示图标所示的网站。点击时打开图标所示的网页。使网站图标的出现几率均为三分之一。每次刷新，显示图标不同。如图7-2所示。

图7-2　网站图标轮显的网页效果图

操作要点提示：

例7-2和例7-1几乎一样，只是各图标出现几率相同。点击图标，进入到图标所示的网站。文本信息文件（7-2.txt）如下所示：

```
redirect  7-2.asp
width 117
height 39
border  1
*

../pic/yahoo.gif
http://www.yahoo.com
雅虎
1

../pic/baidu.gif
http://www.baidu.com
百度
1

../pic/1-8.jpg
.http://sohu.com.cn
搜狐
1
```

7.2　内容轮显组件

7.2.1　制作"诗词赏析"网页

例7-3：使用内容轮显组件，制作诗词赏析的网页。如图7-3所示。

操作步骤如下：

1）打开EditPlus编辑器。

2）在编辑器中输入诗词文本播放器主程序（7-3.asp）代码如下：

```
<html>
<head>
```

```
</head>
<body>
   <%
set content=server.CreateObject("MSWC.ContentRotator")
response.write Content.ChooseContent("7-3.txt")
Set  Content=nothing
%>
</body>
</html>
```

图7-3　诗词赏析的网页效果图

3）在编辑器中输入内容轮显的文本文件（7-3.txt）如下：

```
%%#2//这是第一条记录
<p ><font color="#f26600" size="+3" face="华文行楷">第一首诗</font></p>
<font color="#996600" size="+2" face="华文行楷">劝学</font>
<font color="#999900" size="3" face="华文行楷">颜真卿</font>
<p ><font color="#996600" size="4" face="华文行楷">
三更灯火五更鸡，<br>
正是男儿读书时。<br>
黑发不知勤学早，<br>
白首方悔读书迟。<br>
</font>
%%#2//这是第二条记录
<p ><font color="#f26600" size="+3" face="华文行楷">第二首诗</font></p>
<font color="#996600" size="+2" face="华文行楷">相思</font>
<font color="#999900" size="3" face="华文行楷">王维</font>
<p ><font color="#996600" size="4" face="华文行楷">
红豆生南国，<br>
春来发几枝。<br>
愿君多采撷，<br>
此物最相思<br>
</font>
%%#2//这是第三条记录
<p ><font color="#f26600" size="+3" face="华文行楷">第三首诗</font></p>
<font color="#996600" size="+2" face="华文行楷">绝句</font>
<font color="#999900" size="3" face="华文行楷">李清照</font>
<p ><font color="#996600" size="4" face="华文行楷">
生当作人杰，<br>
```

```
死亦为鬼雄。<br>
至今思项羽，<br>
不肯过江东。
</font>
```

4）在浏览器中运行效果如图7-3所示。每刷新一次，诗词内容轮显一次。

7.2.2 知识讲解——内容轮显组件

内容轮显（Content Rotator）组件和AdRotator组件很相似，只是进行随机变换的是页面内容而不仅仅是一个图标，该组件常用于：每日新闻、广告显示、随机链接等。

1. 创建内容轮显组件的实例对象

使用Content Rotator组件首先要创建一个Content Rotator组件的实例——Content Rotator对象：

```
Set 实例对象名=Server.CreateObject("MSWC. Content Rotator")
```

2. 内容安排文件

使用Content Rotator组件需要一个内容安排文件：将所有要显示的网页内容都包含在这个文本文件内。这个文本文件可以存储为任何名称和后缀。

文件格式如下：

```
%%[#n[//注释]]
显示内容
```

说明：

- 整个文件可由多个条目组成，但每个条目都由以上两部分组成。
- n表示显示频率的权重，权重越高，显示频率越大。其默认值为1。
- 显示内容是任意网页内容。

7.2.3 拓展训练——制作“风景欣赏”网页

例7-4：请参照例7-3完成。制作如图7-4所示的网页效果。

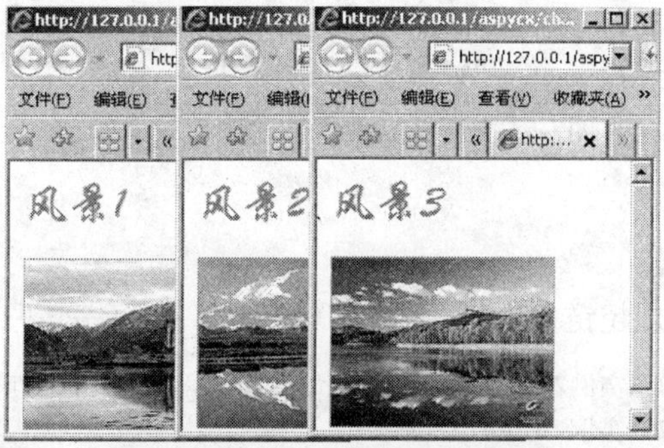

图7-4 风景欣赏的网页效果图

操作要点提示：

1）内容显示的文本文件（7-4.txt）代码如下：

```
%%#2//这是第一条记录
```

```
<p ><font color="#f26600" size="+3" face="华文行楷">风景1</font></p>
<img src=../pic/1-3.jpg>
</font>
%%#2//这是第二条记录
<p ><font color="#f26600" size="+3" face="华文行楷">风景2</font></p>
<img src=../pic/1-4.jpg>
</font>
%%#2//这是第三条记录
<p ><font color="#f26600" size="+3" face="华文行楷">风景3</font></p>
<img src=../pic/1-8.jpg>
</font>
```

2）主程序代码（7-4.asp）如下：

```
 <%
set content=server.CreateObject("MSWC.ContentRotator")
response.write Content.ChooseContent("7-4.txt")
Set  Content=nothing
%>
```

7.3 文件超链接组件

7.3.1 制作"文件超链接"网页

例7-5：使用文件超链接组件实现文件超链接。网页效果如图7-5所示。

图7-5 文件超链接组件的网页效果图

操作步骤提示：

1）打开EditPlus编辑器。

2）在编辑器中输入建立超链接的数据文件（7-5.txt），代码如下：

```
../ch2/2-5.htm    第2章实例2-5--保护环境    '文件路径和说明之间用TAB键分开，而不能用空格
../ch2/2-6.htm    第2章实例2-6--流行舞展
../ch2/2-7.htm    第2章实例2-7--Hip-hop
```

3）在编辑器中输入如下代码，以建立显示超链接文件（7-5.asp）：

```
<html>
<head>
```

```
<title>文件超链接组件应用</title>
</head>
<body>
<font color="#ff26ff" size=5 face="隶书">第2章实例欣赏</font>
  <p  align=center>
<%
dim   link       '声明一个组件实例变量
dim i,sum
set link=server.createobject("MSWC.nextlink")                    '创建实例
sum=link.getlistcount("7-5.txt")                                 '返回文件总数
for i=1 to sum                                                   '用循环写出所有文件的链接
%>
<a href="<%=link.getnthurl("7-5.txt",i)%>"target="_blank">'链接网址从数据文件中得到
<%=Link.GetNthDescription("7-5.txt",i)%></a><br>                '显示文字从数据文件中得到
<% next %>
</body>
</html>
```

4）在浏览器中运行的网页效果如图7-5所示。

说明：

- 在建立超链接的数据文件中，文件路径和说明之间用TAB键分开，而不能用空格。

  如：../ch2/2-6.htm　第2章实例2-6--流行舞展。

- 显示超链接文件中的<a href="<%=link.getnthurl("7-5.txt",i)%>" target="_blank">和
  <%=link.getnthdescription("7-5.txt",i)%></a>，这是一个普通的超链接语句，只不过网址
  和显示文字都是从超链接数据文件中得到而已。这就体现了使用超链接组件的优点：当
  需要修改链接时，只修改超链接数据文件就可以了。

7.3.2　知识讲解——文件超链接

文件超链接组件的主要作用是用来建立易于维护的索引站点。首先要建立一个超链接数据
的文本文件，将要建立索引文件的路径存放到超链接数据的文本文件内，然后通过文件超链接
组件读取该超链接数据的文本文件，并将所有文件显示出来。这样，当需要修改时，只修改超
链接数据的文本文件就行了。

1. 创建文件超链接组件的实例对象

使用nextlink组件首先创建一个nextlink组件的实例——nextlink对象：

```
Set   实例对象名= Server.CreateObject("MSWC.nextlink")
```

2. 文件超链接组件的方法

文件超链接组件常用的方法如表7-3所示。

表7-3　文件超链接组件的常用方法

方　　法	使　用　格　式	说　　明
GetListCount	N=对象实例.GetListCount(String)	得到文件中包含的超链接的地址数目
GetListIndex	N=对象实例.GetListIndex(String)	显示当前页在这些链接地址中的位置
GetNextURL	Data=对象实例.GetNextURL (String)	显示链接文件中下一个文件的地址

（续）

方　　法	使用格式	说　　明
GetPreviousURL	Data=对象实例.GetPreviousURL (String)	显示链接文件中上一个文件的地址
GetNextDescription	Data=对象实例.GetNextDescription (String)	显示链接文件中下一个地址的描述
GetPreviousDescription	Data=对象实例.GetPreviousDescription (String)	显示链接中上一个地址的描述
GetNthURL	Data=对象实例.GetNthURL (String,index)	显示链接文件中第n个文件的地址
GetNthDescription	Data=对象实例.GetNthDescription (String,index)	显示链接文件中第n个文件描述

3. 使用文件超链接组件示例

若使用该组件，一般需要两个文件：

1）超链接数据文件：关于Web站点网址、其他文件的数据文件，是一个文本文件。

2）显示超链接文件：显示超链接的文件，具体可参考例7-5。

7.3.3 拓展训练——制作"文章目录列表及文章间链接"网页

例7-6：请参照图7-6，使用文件链接组件，实现文章目录列表及文章间的链接跳转。

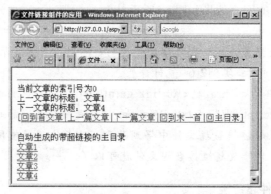

图7-6 文章目录列表及文章间链接的网页效果图

操作要点提示：

1）在EditPlus编辑器中输入建立超链接的数据文件（7-6.txt），代码如下：

```
7-6-1.asp   文章1     文章1注释
7-6-2.asp   文章2     文章2注释
7-6-3.asp   文章3     文章3注释
7-6-4.asp   文章4     文章4注释
```

2）要显示的每一篇文章（7-6-1.asp）的代码如下：

```
<html>
<head>
<!--#include File="7-6.inc"-->
</head>
<body>
<%="文章1：观世博，游中国"%>
</body>
</html>
```

其他3篇文章7-6-2.asp、7-6-3.asp、7-6-4.asp代码请仿照7-6-1.asp代码完成。

3）在EditPlus编辑器中输入建立显示超链接的文件（7-6.asp），代码如下：

```
<html>
<head>
<title>文件链接组件的应用</title></head>
<!--#include File="7-6.inc"-->
<body>
<%
Response.write ("自动生成的带超链接的主目录 <br>")
' 创建NextLink对象
set Nextlink=Server.CreateObject ("MSWC.NextLink")
' 使用GetListCount得到链接文件的总和
count1 = NextLink.GetListCount("7-6.txt")
' 使用GetNthDescription方法依次显示每一个要链接的文件
' 使用GetNthUrl得到文件路径并为其设置链接
For I = 1 to count1
    Response.write "<a href='"&NextLink.GetNthUrl("7-6.txt",i)&"'>"&NextLink.GetNthDescription
    ("7-6.txt",i)&"</a><br>"
Next
Set NextLink = Nothing
%>
</body>
</html>
```

4）包含在7-6.asp中的7-6.inc文件代码如下：

```
<%
Response.write ("<hr>")
Set Nextlink = Server.CreateObject  ("MSWC.NextLink")
Response.write "当前文章的索引号为" &NextLink.GetListIndex("7-6.txt")&"<br>"
Response.write"上一文章的标题："&NextLink.GetPreviousDescription("7-6.txt")&"<br>"
Response.write "下一文章的标题： " &NextLink.GetNextDescription("7-6.txt")&"<br>"
count = NextLink.GetListCount("7-6.txt")
Response.write"[<a  href="""&NextLink.GetNthUrl("7-6.txt",1)&"""&>"&"回到首文章
|"&"</a>"
Response.write"<a  href="""&NextLink.GetPreviousUrl("7-6.txt")&"""&>"&"上一篇文章
|"&"</a>"
Response.write"<a  href="""&NextLink.GetNextUrl("7-6.txt")&"""&>"&"下一篇文章
|"&"</a>"
Response.write"<a  href="""&NextLink.GetNthURL  ("7-6.txt",count)&"""&>"&"回到末一
首|"&"</a>"
Response.write"<a href=""7-6.asp"">回主目录]</a></p>"
%>
```

7.4 网页计数器组件

7.4.1 制作“2010风景展”网页

例7-7：使用网页计数器组件记录参观风景展的人数。运行效果如图7-7所示。

图7-7　2010风景展（计数器组件）的网页效果图

操作步骤如下：

1）打开EditPlus编辑器。

2）在编辑器中书写如下代码：

```
<html>
<head>
<title>计数器组件的应用</title>
</head>
<body >
<p align=center><font  color=red  face=华文彩云  size=5 > 2010风景展</font><br>
<img src=../pic/t1.jpg>
<img src=../pic/t2.jpg>
<p  align=center>
<%
dim count                                        '声明一个组件实例变量
set count=server.CreateObject("MSWC.Pagecounter")    '创建Pagecounter组件实例
count.PageHit()                                  '将当前网页访问次数加1
dim visit_num
visit_num=count.Hits()                           '获取当前网页的访问次数
Response.write   "<font   color=red   face=方正姚体  size=3 >" &"您是本站点的第
"&cstr(visit_num)&"位访客"&"<br>"&"</font>"
%>
</p>
</body>
</html>
```

3）将文件保存为7-7.asp。

4）在浏览器中运行效果如图7-7所示。

7.4.2　知识讲解——网页计数器组件

网页计数器组件用于统计每个网页被访问的次数。该组件定期把统计的数据存入服务器磁盘上的一个文本文件，即访问次数统计数据文件中。所以在停机或出现错误信息时，当前数据也不会丢失。

使用网页计数器可以随时监控哪些网站是高流量的站点，哪些是几乎不被人点击的网页，以便于随时对网页进行更新和修改。

1. 创建网页计数器组件的实例对象

使用Page Counter组件首先创建一个Page Counter组件的实例——Page Counter对象：

```
Set  实例对象名=Server.CreateObject("MSWC.PageCounter")
```

2. Page Counter对象的方法

Page Counter对象提供了向"访问次数统计数据文件"增加访问次数的方法以及读取和重新设置访问计数总和的方法。如表7-4所示。

表7-4 计数器组件的常用属性和方法

属性/方法	说　　明
Hits(page)	返回由page指定的访问次数，如果省略page，则返回当前网页的访问次数
PageHit()	增加当前网页的访问次数
Reset(page)	设置由page指定的网页的访问次数为0，如果省略page，则设置当前网页的访问次数为0

3. 使用计数器组件

计数器组件实际上也是将统计数据存放到服务器端的一个文本文件中，但是并不需要关心该文件，组件会自动完成有关工作。见例7-7所示。

7.4.3　拓展训练——制作"监测网站流量"网页

例7-8：请将例7-6加上网上计数器，以监测访问网页的最高流量。

操作要点提示：

只需在例7-6.asp文件中增加计数器代码即可。代码如下：

```
<%
dim count                                            '声明一个组件实例变量
set count=server.CreateObject("MSWC.Pagecounter")    '创建PageCounter组件实例
count.PageHit()                                      '将当前网页访问次数加1
dim visit_num
visit_num=count.Hits()                               '获取当前网页的访问次数
Response.write  "<font  color=red  face=方正姚体  size=3 >" &"您是本站点的第
"&cstr(visit_num)&"位访客"&"<br>"&"</font>"
%>
```

上机实训7　ASP内置组件的应用

目的与要求：

练习并掌握ASP内置组件的使用。

上机内容：

通读下面几个程序，将程序补充完整。在浏览器中运行效果如图7-8所示。使用文件超链接组件完成第5章实例的学习。建立一个具有左右两个框架窗口的框架网页（lx1-main.htm）。左框架显示第5章实例（lx1-left.asp），右框架实现网页计数的功能。且第5章实例链接到右框架中（lx1-right.asp）。

主框架程序代码：（lx1-main.htm）

```html
<html>
<head>
<title>体会文件超链接组件的应用</title>
</head>
<frameset cols="20%,80%">
    <frame name="contents" src=../ch7/lx1-left.asp>
    <frame name="main" src=../ch7/lx1-right.asp>
</frameset>
</html>
```

左框架程序代码：(lx1-left.asp)

```html
<html>
<head>
<title>文件超链接组件应用</title>
</head>
<body>
  <h2 align=center>第5章实例</h2>
 <%
dim  link      '声明一个组件实例变量
dim i,sum
set link=server.createobject("MSWC.nextlink")           '创建实例
sum=link.getlistcount("_____")       '返回文件总数
for i=1 to sum                                          '用循环写出所有文件的链接
%>
<a href="<%=link.getnthurl("lx1-link.txt",i)%>" target="main">
<%=Link.GetNthDescription("lx1-link.txt",i)%></a><br>
<% next %>
</body>
</html>
```

右框架程序代码：(lx1-right.asp)

```html
<html>
<head>
<title>计数器组件的应用</title>
</head>
<body>
  <h2 align=center>2006年名车展</h2>
  <p align=center>
<img alt="丰收"  src=../pic/car1.jpg>

<%
dim count
set count=server.CreateObject("MSWC.Pagecounter")
count.PageHit()
dim visit_num
visit_num= _____
Response.write "欢迎您光临本站点,您是第"&cstr(visit_num)&"位访客"
%>
```

```
</body>
</html>
```

链接文本文件代码：（lx1-link）

```
../ch5/5-1.asp      例5-1
../ch5/5-2.asp      例5-2
../ch5/5-3.asp      例5-3
../ch5/5-4.asp      例5-4
../ch5/5-5.asp      例5-5
../ch5/5-6.asp      例5-6
../ch5/5-7.asp      例5-7
```

在浏览器中显示效果如图7-8所示。

图7-8 体会文件超链接组件应用的网页效果图

思考与练习

一、简答题

1.建立广告信息文本文件时，应该注意哪些问题？

2.使用文件超链接件组件时，要建立的超链接件数据文件是否可以用空格将文件路径和说明分开？

3.在新建文本文件时，是否扩展名一定要是.txt？

二、上机题

请在自己的个人主页上添加广告轮显组件和计数器组件。

第8章 ASP与数据库

学习要点：

- 数据库的基础知识
- ADO的概念
- 数据库的访问

本章任务：

掌握并理解数据库的基础知识，并能灵活运用SQL查询语句。学会设置数据源及访问数据库的两种方法。

8.1 数据库的基础知识

8.1.1 建立Access数据库

Access是微软公司出版的Office系列办公软件之一，安装Office时默认安装Access。

1. 规划数据库

要开发数据库程序，首先要规划自己的数据库，尽量使数据库设计合理，既包含必要的信息，又能节省数据的存储空间。

假设要在网页上增加用户注册模块，就需要建立一个用户数据库，可能需要两张表：一张表记载用户的基本信息，包括用户名、密码、真实姓名、年龄、联系电话、E-mail、注册时间字段；另一张表记载用户的登录信息，包括用户名、登录时间、登录IP字段。当然，这两张表按照用户名建立关系。

2. 新建数据库

下面以新建user_info数据库为例，学习在Access中新建数据库的方法。

例8-1：在Access中，新建一个user_info数据库。

操作步骤如下：

1）依次选择菜单命令"开始"→"程序"→"Microsoft Access"就可以启动Access 2000，出现如图8-1所示的对话框。

2）在图8-1所示的对话框中选择"空Access数据库"，然后单击"确定"按钮，弹出如图8-2所示的"文件新建数据库"对话框。

3）将数据库命名为user_info.mdb，选择保存位置为c:\inetpub\wwwroot\aspycx\ch8，然后单击"创建"按钮，弹出如图8-3所示的Access的主窗口。

从图8-3可以看出，Access对象有表、查询、窗体、报表、页等。对于学习ASP来说，最重要是表和查询。下面我们将重点讲述与两个对象相关的操作。

图8-1 启动Access时的对话框

图8-2 "文件新建数据库"对话框

图8-3 Access的主窗口

3.新建和维护表

例8-2：请在新建的user_info数据库中新建一张users表。

操作步骤如下：

1）新建表的方法有多种，最简单的方法是在如图8-3所示的Access主窗口中双击"使用设计器创建表"选项，打开如图8-4所示的设计视图。该视图中的每一行对应一个字段，也就是表中的一列。依次输入字段名称、字段数据类型和字段说明。

提示：

在图8-4中user_name左边有一个小钥匙标记，这表示该字段是主键。主键是保证该字段记录唯一的方法，这里的用户名不能有重复，所以将其设置为主键。设置方法是：只要在字段上单击鼠标右键，在弹出的快捷菜单中选择"主键"即可。

图8-4　新建表的设计视图

2）正确输入所有字段后，单击Access主窗口中的"保存"按钮，弹出如图8-5所示的"另存为"对话框。在其中输入表的名称"users"，然后单击"确定"按钮完成保存。

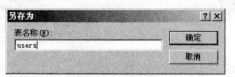

图8-5　保存表

3）成功新建表后，就会在如图8-3所示的主窗口中出现该表的名称，双击名称会打开如图8-6所示的数据表视图，可以在其中输入数据。

user_name	password	true_name	tel	Email	submit_date
lala	123145	高拉	618168723		2006-3-27
tom	1234	刘飞	67201892	tom@sina.com	2006-3-27
liu	JM	李奈	89322983	ji@sina.com	2006-3-27
uu	123	忧忧	61310482	wang@163.com	2006-3-17
cookie	12345	高蜜	68168723		
千一	12345	千馨			2006-3-27

记录 ⏮ ◀ 2 ▶ ⏭ ⏩ 共有记录数: 6

图8-6　在表中输入数据

4）表设计好以后，如果想修改（删除或增加），可以在如图8-3所示的Access主窗口中先选中该表，然后单击"设计"按钮，可重新打开如图8-4所示的设计视图。

4.新建和维护查询

利用查询可以方便地分析、处理、更改数据，还可以用来插入、删除、更新记录。有时只需要显示表的部分字段内容或部分记录，利用查询可以很方便地完成。

查询分为4种：简单查询、组合查询、计算查询和条件查询。

例8-3：新建一个简单查询，只显示users表中的user_name和tel两个字段的内容。

操作步骤如下：

1）新建简单查询。在Access主窗口左侧"对象"栏单击"查询"按钮，显示如图8-7所示的窗口。

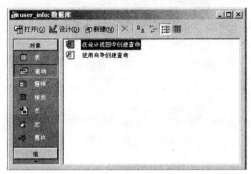

图8-7 建立查询

2）在图8-7中双击"在设计视图中创建查询"选项，打开如图8-8所示的"显示表"对话框。

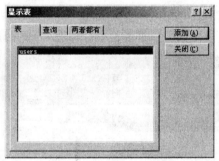

图8-8 "显示表"对话框

3）在"显示表"对话框用中可以选择数据源。用鼠标单击"users"选项后，单击"添加"按钮就会出现如图8-9所示的查询窗口。

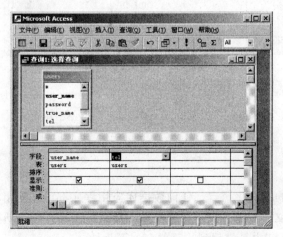

图8-9 查询窗口

4）在查询窗口的"字段"一行选择user_name和tel两个字段，然后单击"保存"按钮，将查询命名为user_find。查询的保存、修改方法和表相似。

5）成功新建一个查询后，在如图8-7所示的主窗口中会出现查询的名称user_find，双击user_find可以打开如图8-10所示的查询结果窗口。

图8-10　查询结果

例8-3建立了简单查询，但是对于学习ASP来说，利用SQL语言建立查询才是学习的重点。SQL语言将在8.1.2节中详细讲解。接下来通过例8-4学习利用SQL语言建立查询的方法。

例8-4：利用SQL语言建立查询。

操作步骤如下：

1）在建立SQL查询时，当进行到如图8-8所示的对话框时，直接单击"关闭"按钮，然后在主窗口中选择"视图"→"SQL视图"菜单命令，出现如图8-11所示的SQL视图窗口。

图8-11　SQL视图对话框

2）在SQL视图窗口中输入SQL语句"SELECT user_name,email from users"，然后单击"保存"按钮即可，将这个查询命名为user_find2。在SQL视图中单击"运行"按钮则显示查询结果。

8.1.2　SQL简介

SQL是数据库查询的标准化语言，任何数据库应用程序都可以使用SQL语言。SQL使ASP具有了更完整的数据定义、数据查询、数据操纵和数据控制等方面的功能。因此，学好SQL对ASP编程非常重要。在ASP中最常用到的语句有如下几种。

1）Select语句——查询数据。

2）Insert语句——添加记录。

3）Delect语句——删除记录。

4）Upadate语句——更新记录。

1. Select语句

Select语句用来指定查询结果中的数据。

语法：

```
Select[All][Top(数值)]字段列表From表[Where连接条件][Order By关键字段][Group By组字段]
```

说明：

• All表示选出的记录中包括重复值。

• "Top（数值）"表示只选取前多少条记录。如选取前3条记录，则可以表示为Top(3)。

• "字段列表"是要查询的字段，可以是表中的一个字段或几个字段。若有多个字段，中间用","分开。

• "From表"中的"表"是用来指定查询表，也可以是多个表，中间用","分开。

• "连接条件"是查询时要求满足的条件。

• Order By是按关键字段排序，默认为降序，ASC表示升序，DESC表示降序。当按多个字段排序时，中间用逗号分开。排序时，首先按第一个字段值排列，当第一个字段值相同时，再参考第二个字段的值，依此类推。

• Group By表示对记录按字段值分组，常用于分组统计。

下面举一些常见的例子说明语句的用法。

1）从users表中选取全部字段。

```
Select  * From  users
```

2）users表中只选取前3条记录。

```
Select Top 3 *  From users
```

3）users表中选取指定user_name、tel字段的数据。

```
Select user_name,tel  From users
```

4）根据给定条件选取数据。

• 请从users表中选取2004年10月10日之前注册的用户。

```
Select *  From users  Where  submit_date<#2004-10-10#
```

• 请从users表中选取2004年10月10日之前注册且姓名为"王芳"用户。

```
Select *  From users  Where  submit_date<#2004-10-10# And user_name="王芳"
```

• 请从users表中选取2003年12月31日到2004年10月10日之间注册的用户。

```
Select *  From users  Where Between submit_date<#2003-12-31# And #2004-10-10#
```

• 请从users表中选取电话是67201892且姓李的所有用户。

```
Select *  From users  Where tel="67201892" And user_name like"李%"
```

- 通过给定条件选取数据中的第2、第3、第4个例子可以知道，当有多个条件时必须使用条件连接符。这里用And或Between来连接。
- 其中第4个例子中的"like"表示与……匹配。提供了两种字符串匹配方式，一种是用下划线 "_" 匹配一个任意字符；另一种是用百分号 "%" 匹配0个或多个任意字符。这里表示与姓李的匹配。
- 在SQL中，当用到常数时，要对字符串加上引号，对日期加上#号，如第2、第3个例子等。

5）按关键字查找记录。

- 请从users表中查找所有用户名中有 "m" 的人。

```
Select *  From users  Where  user_name  like "%m%"
```

- 请从users表中查找所有密码中有 "12" 的用户。

```
Select *  From users  Where  password  like "12%"
```

6）选取表中一些字段连接起来生成一个新字段（利用一列或多列产生一个新字段，新字段用AS给出）。

- 请从users表中显示客户注册两个月后的日期及客户真实姓名，日期用新字段user_date给出。

```
Select true_name,( submit_date+60) As user_date From users
```

7）查询结果排序。

- 请查询users表中所有客户，并将查询结果按真实姓名降序排列。

```
Select * From users Order by true_name  DESC
```

- 如果要求查询结果按真实姓名和注册日期降序排列，应参照Select语句的第6条说明执行。

```
Select * From users Order by true_name  DESC, submit_date ASC
```

8）查询满足的条件的记录总数。

请从users表中查询所有在2004-11-1前注册的总人数。

```
Select Count (*)  As total From users submit_date<#2004-11-1#
```

执行这条语句后会在users表中产生一个新字段total，用于存放总人数。

9）组合查询。组合查询是从两个或多个表中提取数据进行的查询。

假如有两张表，一是学生成绩表xfgl，字段有姓名、学号、数学、政治、英语、语文；二是学生学籍表xjgl，字段有姓名、学号、年龄、班级、政治面貌、家庭住址。两张表通过学号相联系。

现在，请通过以上两表查询学生姓名、班级、年龄、数学及政治成绩。

```
Select  xfgl.姓名, xfgl.数学, xfgl.政治, xjgl.班级, xjgl.年龄 From  xfgl,xjgl Where
xfgl.学号=xjgl.学号
```

提示：

- 建立组合查询的前提条件是两张表之间必须有一个相同的字段，这个字段是两张表联系的条件。
- 在选取各个表中的字段时，要标明是哪个表的字段。各个字段之间用逗号分开。

2. Insert语句

经常在网上申请电子邮箱、注册新用户等操作时，需要向数据库中插入新的用户。在SQL语言中可以使用Insert语句实现此功能。

语法：

```
Insert Into <表名>[(<字段名1>,<字段名2>,...)]Values(<字段1的值>,[,<字段2的值>, ...])
```

说明：

利用Insert语句可以给表的全部或部分字段赋值。当需要插入表中所有字段的值时，表名后面的字段名可以缺省，但插入数据的格式必须与前面字段类型一一对应。若只插入表中某些字段的数据，需要列出插入数据的字段，且与字段类型一一对应。

下面举一些常见的例子加以说明。

1）在users表中，插入所示字段的值。（本例中要插入表中所有字段，所以将Into后面的字段名全部省略。）

```
Insert Into users
Values"liming","1234","李明","68207747",linming@sohu.com,#2004-10-14#)
```

2）在users表中，插入user_name和submit_date字段的值。

```
Insert Into users  (user_name, submit_date) Values  ("marry",#68208828#)
```

3）在users表中，如果增加一个年龄字段age，该字段为数字类型，并给其赋值。

```
Insert Into users  (user_name, age) Values  ("tiantian",16)
```

提示：

• 通过以上实例可以看出，若某字段的值为文本或备注型，则该字段值两边应加引号；若为日期或时间型，则加#号，如上面的1）和2）。若为数值型，则什么也不加。

• 表中的主键字段（如user_name）必须赋值，且不能和原来的主键值重复，以确保其唯一性。

4）在users表中进行插入操作，请判断下列例子是否正确。

• Insert Into users (tel) Values ("67772228" ,)

错，主键没有赋值。

• Insert Into users (user_name, submit_date) Values ("marry" , "")

错，submit_date是日期型字段，后面赋值字符型，与字段类型不匹配。

• Insert Into users (user_name, submit_date) Values (null, #68208828#)

对，可以用null赋空值,表示什么都没有。

• Insert Into users (user_name, age) Values (qianqian,16)

错，字符串两边缺引号。

3. Delete语句

在SQL语言中，可以使用Delete语句来删除表中无用的记录。

语法：

```
Delete From <表名>[Where<条件1>[And|Or<条件2>...]]
```

说明：

"Where <条件>"部分用法与Select中类似，指明只删除满足条件的记录。

如果省略Where条件，则将删除所有数据。

下面举一些常用例子加以说明：

1）删除users表中user_name 为tom的用户。

```
Delete From users Where user_name=tom
```

2）删除users表中注册日期在2004年9月15日到2004年10月1日之间的用户。

```
Delete From users Where Between submit_date>#2004-9-15# And #2004-10-1#
```

3）删除表中所有数据。

```
Delete From users
```

4. Update语句

在网上，我们会经常对邮箱密码或注册信息进行更新，SQL语言提供了Update语句来完成更新数据的功能。

语法：

```
Update<表名>Set <字段1>=<字段值1>[,<字段2>=<字段值2>...] [Where<条件1>[And|Or<条件2>...]]
```

说明：

- Update用来更新表内部分或全部记录。"Where <条件>"部分的用法与Select中的类似，这指明更新数据的范围。
- "Set <字段1>=<字段值1>"指明被更新的字段及字段的值。
- 如果省略"Where条件"，将更新表内的全部记录，一般不这样做。

下面举一些常用的例子加以说明：

1）更新users表中true_name为"刘飞"的电话和密码。

```
Update users Set  tel="68201100",password="abc" Where true_name="刘飞"
```

2）更新users表中所有用户密码为"abcd"的记录。

```
Update users  Set  password="abcd"
```

8.1.3　设置数据源

在8.2节我们将讲到ASP提供一个数据库存取组件ADO，利用它可以很方便地存取数据库。但要存取数据库，须先通过数据源连接数据库。什么是数据源呢？

数据源就是开放数据库连接（ODBC），利用它可以访问多种数据库管理的数据。也就是说建好数据源之后，允许用一个程序访问多种数据库，具有广泛性。如果有一个访问SQL数据库的程序，数据源允许用同一个程序访问FoxPro、Access、Excel等数据库中的数据。

下面将以Windows 2000为例，为前面建好的数据库user_info.mdb设置数据源。

例8-5：设置数据库user_info.mdb为数据源。

操作步骤如下：

1）依次选择"开始→设置→控制面板→管理工具→数据源（ODBC）"选项，出现如图8-12所示的"ODBC数据源管理器"对话框。

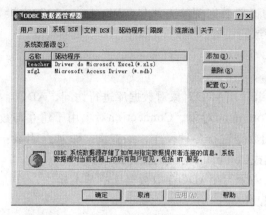

图8-12 "ODBC数据源管理器"对话框

2）在图8-12中选择"系统DSN"标签，然后单击"添加"按钮，出现如图8-13所示的"创建新数据源"对话框。

图8-13 "创建新数据源"对话框

3）在图8-13所示对话框的"名称"下拉列表框中选择"Microsoft Access Drive(*.mdb)"，单击"完成"按钮，出现如图8-14所示的"ODBC Microsoft Access安装"对话框。

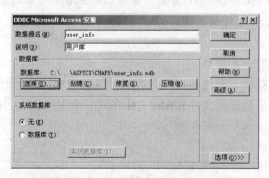

图8-14 "ODBC Microsoft Access安装"对话框

4）在图8-14所示的对话框中的"数据源名"文本框中输入"user_info"，在"说明"文本框中输入"用户库"，并单击"选择"按钮，选择"C:\inetpub\wwwroot\aspycx\ch8\user_info.mdb"，然后单击"确定"按钮。

5）添加完毕后，可以看到图8-12所示对话框中出现数据源的名称user_info。

在其他操作系统中的设置数据源的方法与在Windows 2000中设置数据的方法基本相同，请读者参考其他有关书籍练习设置。

8.2 ADO的概念

ASP通过数据库访问组件用ADO对象对数据库进行访问。ADO对象模型中包含Connection对象、Recordset对象和Command对象。Connection对象用于建立与数据源的连接。Command对象可用于对数据源中的数据进行各种操作，如查询、添加、删除、修改等。Recordset对象代表某一连接表的记录集或Command对象的操作结果。

下面采用任务引导法来学习用ADO存取数据库的基本操作，包括连接数据库、查询记录、添加记录、删除记录、修改记录。

8.3 访问数据库

8.3.1 连接数据库

要对数据库进行操作，首先要连接数据库，这时要用到Connection对象。连接数据库的方法有两种。

（1）不用数据源的连接方法

下述代码创建Connection对象实例，然后打开一个连接。

```
<% Dim conn                                          '声明一个实例变量
Set conn = Server.CreateObject("ADODB.Connection")   ' 创建connection对象
conn.Open "Source=c:\inetpub\wwwroot\aspycx\ch8\user_info.mdb;
Drive=Microsoft.Access Drive (*.mdb) "               ' 使用OLE DB连接字符串打开连接
%>
```

说明：
- 连接字符串在等号(=)的左右不包含空格。
- 第二句用Server对象的CreatObject方法，建立Connection对象的实例conn。
- 第三句是用分号隔开的两项，第一项是数据库文件存放的物理路径，第二项是数据类型。
- 在Drive和括号之间有一个空格。

利用上面的方法给出路径有时比较麻烦，我们可以采用Server对象的Mappath方法，将虚拟路径转化为物理路径。如果数据库文件和ASP文件在同一个文件夹中，则可以直接写文件名。

```
<%
Dim db
   Set db=Server.CreateObject("ADODB.Connection")
   db.Open "DBQ=" & Server.Mappath("user_info.mdb") & ";Driver={Microsoft
   Access Driver (*.mdb)}"
%>
```

说明：

使用这种方法最大的好处是：如果将程序从一个服务器移植到另一个服务器，既不需要设置数据源，也不需要修改数据库文件的物理路径。

（2）用数据源的连接方法

使用数据源连接，需要在服务器端设置数据源。

```
<% Dim conn                                             '声明一个实例变量
Set conn = Server.CreateObject("ADODB.Connection")      ' 创建connection对象
conn.Open    "user_info"                                '打开数据源
%>
```

说明：

• 第三句是打开数据源user_info。请注意数据源可以和数据库名不同，这里为了好记，名字设成相同。

• 使用数据源连接的最大优点是连接方式简单，但要在服务器端设置数据源。

以上两种连接数据库的方法可根据需要自选。如果方便在服务器端设置数据源，可使用数据源连接的方法，否则，使用第一种方法。

8.3.2 利用Select语句查询记录

把数据库中的记录显示在页面上，需要用到SQL语言的Select语句进行查询。查询时，需要使用Connection对象的Execute方法打开一个记录集，然后在记录集中通过移动记录指针方法读取每一条记录。

所谓记录集，类似于一个数据库中的表，由若干列和若干行组成，可以看做一个虚拟的表。可以依次读取每一行，然后显示在页面上。

下面请看利用Select语句显示数据库查询记录的实例。

例8-6：利用Select语句查询记录。

```
<html>
  <head><title>查询所有用户</title></head>
  <body>
<%
Dim db, strConn
  strConn="DBQ=" & Server.Mappath("user_info.mdb") & ";Driver={Microsoft
  Access Driver (*.mdb)}"
  Set db=Server.CreateObject("ADODB.Connection")
  db.Open strConn
dim  strsql,rs
strsql="select  *  from  users  "
set rs=db.execute(strsql)        '建立rs记录集
%>
<center>
<%
do while not rs.Eof
%>
<table  width=80  border=1  >
<tr>
<td><%=rs("user_name")%></td>
<tr>
<%
```

```
rs.MoveNext      '将记录指针移到下一条记录
loop
%>
 </table>
</center>
  </body>
</html>
```

在浏览器中的显示效果如图8-15所示。

说明：

- 程序开始使用Server对象的Mappath方法连接数据库，又用Connection对象的Execute方法建立记录集；最后用Do While循环把记录集中的记录从前到后顺次读出。条件为 Not rs.Eof，这表示如果不是文件末尾，就执行循环，并使用MoveNext方法将记录指针向后移动一条。
- 在程序中使用记录集变量（"字段名"）将字段值输出。例如rs("user_name")。
- 在程序中使用Table将输出的用户名放在表格中。

图8-15　利用Select语句查询记录的网页效果图

8.3.3　利用Insert语句插入记录

在实际网站设计时，经常需要在网页中插入一条新的内容，这需要用到SQL语言中的Insert语句。

插入记录也是利用Connection对象的Execute方法来完成，同Select中的用法相似，只是插入记录不需要返回显示记录，所以不必返回记录集。

例8-7：利用Insert语句插入记录。

```
<html>
<head><title>查询所有用户</title></head>
<body>
<%
Dim db, strConn
strConn="DBQ=" & Server.Mappath("user_info.mdb") & ";Driver={Microsoft Access
Driver (*.mdb)}"
Set db=Server.CreateObject("ADODB.Connection")
db.Open strConn
dim  strsql,rs
strsql="Insert   Into users(user_name,password,true_name,tel) Values( '甜
','12345','高蜜','68168723')"
```

```
db.execute(strsql)        '利用Execute添加记录，Insert语句作为其参数出现
Response.write"插入成功，请查看user_info.mdb"
%>
</body>
</html>
```

在浏览器中的显示效果如图8-16所示。

说明：

- 连接数据库的方法同例8-6一致。
- 程序中用Connection对象的Execute方法添加记录。因为在这里不需要显示记录，所以不必返回记录集。
- Insert语句作为Execute方法的一个参数。
- 在SQL语言中，当在双引号中间使用双引号时，一般将内层的双引号改为单引号。如程序中的strsql="Insert Into users(user_name,password,true_name,tel) Values('甜','12345','高蜜','68168723')"这一句。

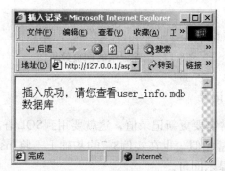

图8-16　利用Insert语句插入记录的网页效果图

8.3.4　利用Delete语句删除记录

在更新网站时，常需要删除一些记录的内容。这就要用到SQL语言中的Delete语句。

删除记录的实例只是将例8-7中的Insert语句修改成Delete语句，将输出改成删除成功的提示即可。

例8-8：利用Delete语句删除记录。

```
<html>
<head><title>删除记录</title></head>
<body>
<%
Dim db, strConn
strConn="DBQ=" & Server.Mappath("user_info.mdb") & ";Driver={Microsoft Access
Driver (*.mdb)}"
Set db=Server.CreateObject("ADODB.Connection")
db.Open strConn
dim  strsql
strsql="delete  from users  where user_name='王宁'"
db.execute(strsql)        '利用Execute删除记录
```

```
Response.write"您已删除成功，请打开user_info.mdb数据库查看。"
%>
</body>
</html>
```

说明：

使用删除记录语句可以用于删除所有符合条件的记录。在程序中是删除用户名是"王宁"的用户。

在浏览器中的显示效果如图8-17所示。

图8-17 删除记录的网页效果图

8.3.5 利用Update语句更新记录

在网站实际应用时，经常需要更新记录值，这就要用到SQL语言的Update语句。

更新记录同删除记录非常相似，也在实例8-7的基础上，将Insert语句修改成Update语句，将输出改成更新记录成功的提示即可。

例8-9： 利用Update语句更新记录。

```
<html>
<head><title>更新用户</title></head>
<body>
<%
Dim db, strConn
strConn="DBQ=" & Server.Mappath("user_info.mdb") & ";Driver={Microsoft Access
Driver (*.mdb)}"
Set db=Server.CreateObject("ADODB.Connection")
db.Open strConn
dim  strsql,rs
strsql="Update  users Set  user_name='uu',true_name='优优' where user_name='王芳'"
db.execute(strsql)      '利用Execute添加记录，Insert语句作为其参数出现
Response.write"您已更新成功，请打开user_info.mdb数据库查看。"
%>
</body>
</html>
```

在浏览器中显示的效果如图8-18所示。

图8-18　更新记录的网页效果图

说明:

更新记录可以将所有符合条件的记录全部更新。

至此,我们已经通过实例分析讲解了如何访问数据库,并通过SQL语言连接数据库、查询记录、插入记录、删除记录和更新记录的操作方法。当然,这四个程序是相互独立的,在实际应用时还应连成一个整体。我们将在后面的章节中通过实例讲解。

上机实训8　ASP与数据库应用

目的与要求:

练习并掌握创建库、数据表、数据源的方法;能读懂使用ADO的程序。

上机内容:

设计一个网站导航程序,实现查询记录、添加记录、更新记录、删除记录的功能。

分析:

1)index.asp:网站导航主程序。首先在网站主页上列出所有网站的名称,也就是实现查询记录的功能,然后通过超链接的方法链接到添加记录、更新记录、删除记录的各页。

2)insert_form.asp:插入记录的表单,可由用户直接在网页上添加。

3)insert.asp:提取用户填入表单数据,将其插入到数据库中。

4)delete.asp:将网站中一些记录删除。

5)update_form.asp:更新网站内容的表单,可由用户直接在网页上更新、修改。

6)update.asp:提取更新表单中的内容,修改数据库内容。

7)如果在Windows 2000或Windows XP系统中修改数据库,一定要将数据库的属性设成任何人(everyone)有完全控制的权利,否则程序运行时将出现不可预知的错误。

各程序代码如下:

(1)网站导航主程序index.asp代码

```
<html>
  <head><title>查询所有记录</title></head>
  <body>
<%
Dim db
    Set db=Server.CreateObject("ADODB.Connection")
    db.Open "web.mdb"        '利用数据源连接数据库
```

```
dim  strsql,rs
strsql="select  * from web "
set rs=db.execute(strsql)          '建立rs记录集
%>
<center>
<a href="insert_form.asp">插入记录</a>
<table  width=100%  border=1  >
<tr  bgcolor=yellow>
<td>名称</td>
<td>网址</td>
<td>说明</td>
<td>删除</td>
<td>更新</td>
</tr>
<%
do while not rs.Eof
%>
<tr  bgcolor=yellow >
<td><%=rs("name")%></td>
<td><a href="http://<%=rs("url")%>"target="_blank"><%=rs("url")%></a></td>
<td><%=rs("text")%></td>
<td><a href="delete.asp?id=<%=rs("id")%>">删除</a></td>
<td><a href="update_form.asp?id=<%=rs("id")%>">更新</a></td>
</tr>
<%
rs.movenext      '将记录指针移到下一条记录
loop
%>
  </table>
</center>
  </body>
</html>
```

说明:
- 本程序利用数据源连接数据库。注意在服务器上先设置数据源。
- 请注意超链接的语句: `<a href="delete.asp?id=<%=rs("id")%>">删除</a>`, 是从rs记录集中
  取得记录编号传递给删除页面。假如当前记录号为rs("id")=1, 则这句话实际执行时为:

`<a href="delete.asp?id=1">删除</a>`

这样, 在删除页面中, 就可以利用Request对象的QueryString方法获取id值。
在浏览器中显示效果如图8-19所示。
(2) 插入记录的表单代码

```
<html>
  <head><title>插入记录</title></head>
  <body>
<center>
<table  width=100%  border=1  >
```

```
<form name="form1" method="post" action="insert.asp">
<tr>
  <td>网站名称</td><td><input type="text"  name="name" size=40></td>
</tr>
<tr>
  <td>网站网址</td><td><input type="text"  name="url" size=40></td>
</tr>
<tr>
  <td>网站说明</td><td><textarea name="text1" rows=2 cols=40  wrasp="soft"></textarea></td>
</tr>
<tr>
  <td></td><td><input type="submit"  value="确定" ></td>
</tr>
</form>
</table>
</center>
</body>
</html>
```

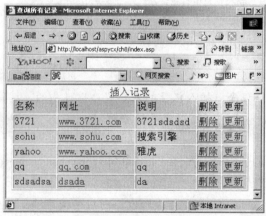

图8-19　查询所有记录

说明：

这个程序纯粹是一个HTML的表单程序，为插入记录insert.asp程序提供用户操作界面。在浏览器中显示的效果如图8-20所示。

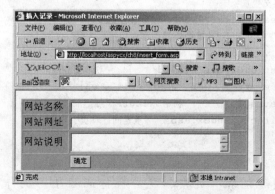

图8-20　插入记录程序的表单

（3）插入记录的程序代码

```
<% Option Explicit %>
<%
if request.form("name")<>"" and request.form("url")<>"" and request.form
("text1")<>"" then
    Dim db
Set db=Server.CreateObject("ADODB.Connection")
    db.Open "web"      '利用数据源连接数据库
    dim strsql ,varname,varurl,vartext      '声明几个变量
    varname=request.form("name")
    varurl=request.form("url")
    vartext=request.form("text1")
    strsql="insert into web(name,url,text1submit_date) Values('" & varname
&"','" & varurl &"', ,'" & vartext &"'# "& date() & "#)"
    db.Execute( strsql )      '利用Execute添加记录
    Response.Redirect "index.asp"
else
    Response.Write "请将信息填写完整,"
    Response.Write "<a href='insert_form.asp'>重新插入</a>"
end if
%>
```

说明：

• 这个程序是为上一个程序（插入记录的表单程序）服务的，填写表单后，通过单击确定
  提交到insert.asp中，从而实现增加记录的功能。

• 对于语句：

```
strsql="insert into web(name,url,text1submit_date) Values('" & varname &"','" &
varurl &"', ,'" & vartext &"'# "& date() & "#)"
```

其中varname、varurl、vartext是变量，所以分别用连接符"&"连接。另外，注意文本字
段前后是必须加引号的。

（4）删除记录的代码

```
<% Option Explicit %>
<%
    Dim db      '定义变量
Set db=Server.CreateObject("ADODB.Connection")
    db.Open "web"      '利用数据源连接数据库
    dim strsql ,var_id      '声明几个变量
    var_id=request.QueryString("id")      '获取要删除的记录号
    strsql="delete from web where id="& var_id      '把符合条件的记录删除
    db.Execute( strsql )      '利用Execute添加记录
    Response.Redirect "index.asp"  '重定向回首页
%>
```

说明：

• 在首页单击"删除记录"链接，就会执行此程序。执行完后通过重定向语句
  (Response.Redirect "index.asp")回首页。

• 利用var_id=request.QueryString("id")语句，取得在首页上要删除的记录号。

(5) 利用Update语句更新记录的表单代码

```
<% Option Explicit    %>
<html>
  <head><title>更新记录的表单程序</title></head>
  <body>
<%
dim var_id
var_id=Request.QueryString("id")    '获取要修改的记录的网站编号
Session("id")=var_id

Dim db
Set  db=Server.CreateObject("ADODB.Connection") '建立Connection对象的实例
   db.Open "web"        '利用数据源连接数据库

'以下打开记录集
dim  strsql,rs
strsql="select * from web  where  id=" & var_id

set rs=db.execute(strsql)         '建立rs记录集
%>

<center>
<table  width=100% border=1  >
<form name="form1"  method="post"  action="update.asp">
<tr>
<td>网站名称</td><td><input type="text" name="name" size=20   value="<%=rs("name")%>">
人</td>
</tr>

<tr>
<td>网站网址</td><td><input type="text" name="url" size=40
value="<%=rs("url")%>"></td>
</tr>

<tr>
<td>网站说明</td><td><input type="text" name="text1" size=40
value="<%=rs("text1")%>"></td>
</tr>

<tr>
<td></td><input type="submit" value="确定"></td>
</tr>
</form>
 </table>
</center>
  </body>
</html>
```

说明：

这个程序和插入记录的表单程序类似，是供用户输入信息的程序。为下面的更新记录程序服务。

(6) 更新记录的代码

```
<% Option Explicit%>
<%
dim var_id
var_id=Session("id")

If Request.Form("name")<>"" And Request.Form("url")<>"" And Request.Form("text1")<>""  Then
Dim db
Set  db=Server.CreateObject("ADODB.Connection")
    db.Open "web"      '利用数据源连接数据库
dim  strsql,Varname ,Varurl,Vartext
Varname= Request.Form("name")
Varurl= Request.Form("url")
Vartext=Request.Form("text1")

strsql="Update   web Set name='" &Varname&"', url='" &Varurl&"',text1='"
&Vartext&"' Where id=" &var_id
db.Execute(strsql)       '建立rs记录集
response.Redirect "index.asp"
Else
  Response.Write"请将所有信息填写完整"
   Response.Write"<a href='index.asp'>重新更新</a>"
End if
%>
```

在首页中选中一条记录，单击"更新"超链接，就会打开更新网站页面（见图8-21）。

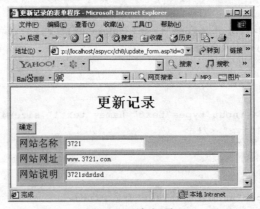

图8-21 更新记录

说明：

程序通过网站编号的传递来取得要更新的记录号。在Update_form.asp中用Session("id")=Var_id将要更新的网站编号保存在Session中。在Update.asp再从Session中取出来。这是一种在不同网页间传递数据的常用方法。

思考与练习

一、判断题

1. strsql="Update web Set name='" &Varname&"' Where id=1
2. strsql="Update web Set name='" &Varname&"' Where submit_time="04-10-10"
3. strsql="Update web Set name="tom " Where submit_time=#04-10-10#
4. strsql="Select * from web Where name="tom ", submit_time=#04-10-10#
5. Insert Into users （user_name，submit_date) Values （#marry#,"")
6. Insert Into users （user_name) Values （*null*)
7. Delete From users

二、简答题

1. 如果上机实训8中的程序只可以显示记录，不能添加记录，请问可能是什么原因造成的?
2. 如果上机实训8中的程序只允许管理员更新，应该如何修改?

三、上机题

1. 请修改程序update.asp，使其只更新某一指定记录。
2. 请尝试将上机实训中的insert_form.asp和insert.asp合成一个程序。

第9章 网络程序开发实例——书店BBS论坛

学习要点：

- 书店BBS论坛设计
- 书店BBS论坛的实现

本章任务：

通过学习书店BBS论坛设计，了解并学习各类论坛设计中要求包括的文件及实现过程。

9.1 书店BBS论坛设计

BBS又称电子公告板。它能给上网的人提供一个空间，自由地抒发情感、讨论问题，而且可以远程交流和远程学习等。对于经营很好的书店来说，在网上建立简单的论坛，能确切地了解读者的一些需求，与读者达成很好的共识和交流。

本章通过一个简单的BBS实例，完成的主要功能包括发表新文章、回复文章，并且可以统计单击次数和回复文章次数。通过学习，读者主要体会BBS的设计思想。

9.2 书店BBS论坛的实现

BBS论坛实现主要包括8个文件，它们分别是：

1) Bbs.mdb：数据库文件，用来存储文章信息。

2) Index.asp：BBS首页，分页显示文章信息。

3) Odbc_conn.asp：连接数据文件。

4) Function.asp：子程序文件。

5) Count_hit.asp：计算单击次数的文件。

6) Part.asp：显示文章的具体内容文件。

7) Announce.asp：发表新文章文件。

8) Re_announce.asp：发表回复文章文件。

下面将依次介绍各个文件。

1. 数据库文件bbs.mdb

为了保存信息，要建立数据库。在Access建立数据库文件bbs.mdb，并建立一个表bbs，数据结构如图9-1所示。

在这个论坛中，只允许有两层：新文章和回复文章。也就是说，只能回复一层。其中layer字段表示第几层，如果是新文章，层为1，如果是回复文章，层为2。Parent_id表示：如果是回复文章，则为原文章的文章编号；如果是新文章，则置为0。其他字段如说明所示。

bbs: 表

字段名称	数据类型	说明
bbs_id	自动编号	文章编号
title	文本	文章标题（字段大小100）
b	备注	文章主要内容
layer	数字	文章层数
parent_id	数字	父文章编号
child	数字	回复文章数目
hits	数字	点击次数统计
ip	文本	作者IP（字段大小15）
user_name	文本	作者昵称（字段大小20）
submit_date	日期/时间	发表时间

图9-1 bbs数据表结构

2. BBS首页index.asp

首页的任务是显示数据库中的文章，并提供发表新文章的超链接。

```
<!--#include file="odbc_conn.asp"-->
<!--#include file="function.asp"-->
<html>
    <head>
         <title>灵智图书论坛</title>
    </head>
<body>
<body>
<img   src=../other/text1.gif  >
    <center>
    <table border="0" bordercolor= "#8303FF" width="90%" cellspacing="5">
         <tr bgcolor= "#CC44FF" align="center">
              <td width="7%">序号</td>
              <td width="43%">主题</td>
              <td width="8%">回复</td>
              <td width="8%">点击</td>
              <td width="8%">发言人</td>
              <td width="26%">发言时间</td>
         </tr>
         <%
         dim sql,rs
         '因为要分页显示查询结果，所以用下面方法创建一个recordset对象
         sql="select * from bbs where layer=1 order by submit_date desc"
         set rs=Server.CreateObject("ADODB.Recordset")
         rs.Open sql,db,1
         if not rs.bof and not rs.eof then
              '以下主要为了分页显示
              dim page_size                         '定义每页多少条记录变量
              dim page_no                           '定义当前是第几页变量
              dim page_total                        '定义总页数变量
              page_size=10                          '每页显示10条记录
              if Request("page_no")="" then '如果第一次打开，则page_no为1，否则，由传
                 page_no=1                          '回的参数决定
              else
                 page_no=cint(Request("page_no"))
```

```
            end if
            session("page_no")=page_no          '将page_no存入session,以备其他页返回时用
            rs.pagesize=page_size               '设置每页多少条记录
            page_total=rs.pagecount             '返回总页数
            rs.absolutepage=page_no             '设置当前显示第几页
            '下面一段显示当前页的所有记录
            dim i,j
            i=0
            j=page_size                         '该变量用来控制显示多少条记录
            do while not rs.eof and j>0         '循环知道当前页结束或文件结尾
                i=i+1
                j=j-1
        %>
            <tr bgcolor="#FFFFCC" align="center">
                    <td><%=(page_no-1)*page_size+i%>
                    <td><a
href="count_hits.asp?bbs_id=<%=rs ("bbs_ID")%>"><%=RS("title")%></a></td>
                    <td><%=RS("child")%></td>
                    <td><%=RS("hits")%></td>
                    <td><%=rs("user_name")%></td>
                    <td><%=rs("submit_date")%></td>
            </tr>
        <%
                rs.movenext
            loop
        end if
        %>
    </table>
    <a href="announce.asp">发表新文章</a>    
    <%
    '调用子程序,写出有关各页的链接信息
    call select_page(page_no,page_total)
    %>
    </center>
</body>
</html>
```

说明:

- 程序中的<!--#include file="odbc_conn.asp"-->和<!--#include file="function.asp"-->语句表示把数据库连接文件和子程序文件包含到index文件中。在编写程序时,常利用-#include 语法将一个经常使用的文件插入另一个文件,以简化程序。
- 为了分页显示,在本程序中创建了Recordset对象的方法。在这个实例中,用到了 Recordset对象的3个属性:

pagesize——每页多少条记录,如程序中用到: rs.PageSize=page_size

pagecount——共有多少页,如程序中用到: page_total=rs.PageCcount

Absolutepage——当前显示第几页,如程序中用到: rs.AbsolutePage=page_no

设置完成后,记录指针指到当前页的第一条记录上,然后就可以依次往下移动,根据

pagesize的设置，移动到该页结束时或整个数据库文件结束时停止。

在浏览器中显示效果如图9-2所示。

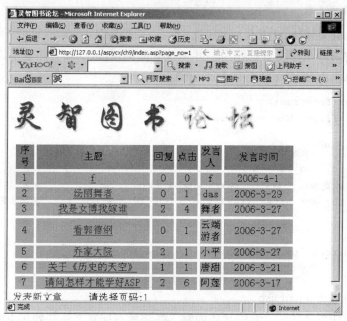

图9-2 图书论坛首页网页效果图

3. 数据库连接文件odbc_conn.asp

任务是完成连接数据库的操作。

```
<%
'连接BBS数据库
dim db,connstr
connstr="DBQ="&Server.Mappath("bbs.mdb")&";DRIVER={Microsoft Access Driver (*.mdb)};"
set db=Server.CreateObject("ADODB.connection")
db.Open connstr
%>
```

4. 自定义函数文件function.asp

```
<%
private sub select_page(page_no,total_page)
response.write "请选择页码:"
    dim i
    for i=1 to total_page
        if i=page_no then
            response.write i & " "
        else
            response.write "<a href='index.asp?page_no=" & i & "'>" & i & "</a> "
        end if
    next
end sub
%>
```

说明:

自定义函数完成用子程序依次写出各页页码, 并将非当前页设置超链接。这样, 便于随时使Include方法调用此函数。

5. 计算单击次数文件count_hits.asp

任务是当在首页中单击文章标题后, 并不是立即调用part.asp文件显示详细内容, 而是先调用该文件, 将单击次数加1, 再导向part.asp页。

```
<%response.buffer=true%>
<!--#include file="odbc_conn.asp"-->
<%
dim bbs_id
bbs_id=request("bbs_id")
'下面一段将点击次数加1, 然后引导至part.asp以显示内容
sql="update bbs set hits=hits+1 where bbs_id=" & bbs_id    '更新次数
db.execute(sql)
db.close
response.redirect "part.asp?bbs_id=" & bbs_id
%>
```

6. 显示具体内容文件part.asp

该文件的主要任务是显示文章的具体内容, 并将所有回复文件并列在下面, 同时提供回复文章的超链接。

```
<!--#include file="odbc_conn.asp"-->
<HTML>
    <head>
            <title>详细内容</title>
    </head>
<body>
    <h2 align=center><FONT size=5 face=华文行楷 color= blue>详细内容</FONT></h2>
    <%
    dim bbs_id
    bbs_id=request("bbs_id")                        '返回当前要显示的记录编号
    '以下显示当前记录内容
    dim sql,rs
    sql="select * from bbs where bbs_id =" & bbs_id
    set rs=db.execute(sql)
    %>
    <center>
    <p><a    href="index.asp?page_no=<%=session("page_no")%>">返 回 首 页
    </a>  |  
    <a href="re_announce.asp?bbs_id=<%=bbs_id%>&title=<%=rs("title")%>">回复文章</a>
    <table border="0" bgcolor="#CCFF0F" width="90%">
            <tr>
                    <td width=20%>主题</td>
                    <td><b><big><%=RS("title")%></big></b></td>
            </tr>
```

```
            <tr>
                    <td>内容</td>
                    <td><%=rs("body")%></td>
            </tr>
            <tr>
                    <td></td>
                    <td align=right><small><i><%=rs("user_name")%> 发表于
                    <%=rs("submit_date")%></small></td>
            </tr>
    </table>
    <%
    '以下显示所有回复文章内容
    sql="select title,body,user_name,submit_date from bbs where"
    sql=sql & " parent_id=" & bbs_id                '这个条件就是显示所有回复文章的
    sql=sql + " order by submit_date desc"
    set rs=db.execute(sql)
    dim I                                           '定义这个变量主要是为了给回复编号
    I=0
    DO WHILE NOT RS.EOF
            I=I+1
    %>
            <table border="0" bgcolor= "#FFFF0C" width="90%">
            <caption align=left><font color=red size=2>回复<%=I%></font></caption>
            <tr>
                    <td width=20%>主题</td>
                    <td><%=RS("title")%></td>
            </tr>
            <tr>
                    <td>内容</td>
                    <td><%=RS("body")%></td>
            </tr>
            <tr>
                    <td></td>
                    <td align=right><small><i><%=rs("user_name")%>  回复于
                    <%=rs("submit_date")%></i></small></td>
            </tr>
            </table>
    <%
            rs.movenext
    loop
    %>
    </center>
</body>
</html>
```

在浏览器中显示的效果如图9-3所示。

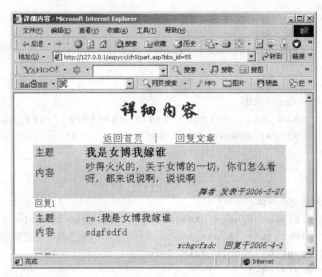

图9-3 显示文章具体内容的网页效果图

7. 发表新文章announce.asp

在首页中单击发表新文章超链接就可以打开announce.asp文件，客户可以输入标题、内容及作者姓名。然后程序会自动将文章的有关属性添加进去，保存完毕后引导回首页。

```
<% Response.Buffer=True %>
<!--#include file="odbc_conn.asp"-->
<html>
<head>
    <title>发表新文章</title>
</head>
<body>
    <h2 align="center"><font size=5 face=华文行楷 color= blue>发表新文章</FONT></h2>
    <center>
    <table border="1"    bgcolor= 0fff0    width=65%>
        <form method="post" action="" name="form1" >
            <tr><td>主题: </td><td><input type="text" name="title" size="70">**
</td></tr>
            <tr><td>内容: </td><td><textarea name="body" rows="4" cols="70"
            wrap="soft"></textarea></td></tr>
            <tr><td>姓 名 : </td><td><input  type="text"  name="user_name"
            size="20">** </td></tr>
            <tr><td></td><td><input type="submit" value="提交"
            size="20"></td></tr>
        </form>
    </table>
    </center>
    <p align=center><a href="index.asp?page_no=<%=session("page_no")%>">返回首页</a>
    <%
    if request("title")<>"" and request("user_name")<>"" then
        dim title,body,layer,parent_id,child,hits,ip,user_name    '定义变量方便使用
```

```
        title=request.form("title")                          '返回文章标题
        body=request.form("body")                            '返回文章内容
        user_name=request.form("user_name")                  '返回作者姓名
        layer=1                                              '这是第一层
        parent_id=0                                          '因为是第一层，父编号设为0
        child=0                                              '回复文章数目为0
        hits=0                                               '点击数为0
        ip=Request.ServerVariables("remote_addr")            '作者IP地址
        '以下将文章保存到数据库
        dim sql,svalues
        SQL = "Insert into bbs(title,layer,parent_id,child,hits,ip,
        user_name,submit_date"
        svalues = "values('" & title & "'," & layer & "," & parent_id & ","
        &child & "," & hits & ",'" & ip & "','" & user_name & "','" & date() &
        "'"
        if body<>"" then                                     '如果有内容，则添加body字段
            sql = sql & ",body"
            svalues = svalues & "," & "'" & body & "'"
        end if
        sql = sql & ") " & svalues & ")"
        db.execute(sql)
        db.close                                             '关闭connection对象
        '保存完毕，重定向回首页
        response.redirect "index.asp?page_no=" & session("page_no")
    end if
    %>
</body>
</html>
```

在浏览器中显示的效果如图9-4所示。

图9-4 发表新文章的网页效果图

8. 回复文章文件re_announce.asp

在显示内容页上单击回复文章就可打开re_announce.asp。将表内各项填好后，单击提交按钮打开显示内容页。

```
<% Response.Buffer=True %>
<!--#include file="odbc_conn.asp"-->
<html>
<head>
    <title>回复文章</title>
</head>
<body>
    <%
    dim bbs_id,title
    bbs_id=request("bbs_id")                                '返回欲回复文章编号
    title=request("title")                                  '返回欲回复文章标题
    %>
    <h2 align="center"><FONT size=6 face=华文行楷 color= blue>回复文章</h2></FONT>
    <center>
    <table border="1"  bgcolor=pink width=70%>
        <form method="post" action="" name="form1" >
            <tr><td>主题：</td><td><input type="text" name="title" size="70"
            value="re:<%=title%>">** </td></tr>
            <tr><td>内容：</td><td><textarea name="body" rows="4" cols="70"
            wrap="soft"></textarea></td></tr>
            <tr><td>姓名：</td><td><input type="text" name="user_name"
            size="20">** </td></tr>
            <tr><td></td><td><input type="submit" value=" 提 交 "
            size="20"></td></tr>
        </form>
    </table>
    </center>
    <p align=center><a href="part.asp?bbs_id=<%=bbs_id%>">返回首页</a>
    <%
    if request("title")<>"" and request("user_name")<>"" then
        dim body,layer,parent_id,child,hits,ip,user_name'定义变量方便使用
        title=request.form("title")                         '返回文章标题
        body=request.form("body")                           '返回文章内容
        user_name=request.form("user_name")                 '返回作者姓名
        layer=2                                             '这是第二层
        parent_id=bbs_id                                    '因为是第二层，父编号为bbs_id
        child=0                                             '回复文章数目为0
        hits=0                                              '点击数为0
        ip=Request.ServerVariables("remote_addr")          '作者IP地址
        '以下将文章保存到数据库
        dim sql,svalues
        sql = "Insert into bbs(title,layer,parent_id,child,hits,
        ip,user_name,submit_date"
        svalues = "values('" & title & "'," & layer & "," & parent_id & ","
```

```
        &child & "," & hits & ",'" & ip & "','" & user_name & "','" & date() &
        "'"
        if body<>"" then
            sql = sql & ",body"
            svalues = svalues & "," & "'" & body & "'"
        end if
        sql = sql & ") " & svalues & ")"
        db.execute(sql)
        '下面两句将原文章的回复数加1
        sql="update bbs set child=child+1 where bbs_id=" & bbs_id
        db.execute(sql)
        db.close
        '重定向回原来页面
        response.redirect "part.asp?bbs_id=" & bbs_id
    end if
    %>
</body>
</html>
```

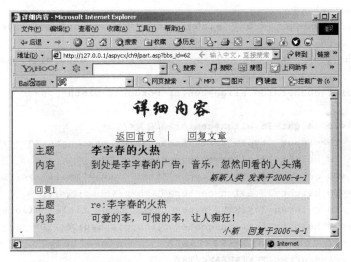

图9-5 详细内容的网页效果图

上机实训9 制作留言板

目的与要求：

运行程序后，对照程序代码能简单读懂，并在此基础上灵活运用。

上机练习：

仿照BBS论坛，学习留言板程序，通过运行，能读懂代码。

留言主界面程序（index.asp）代码如下：

```
<% option explicit%>
<!--#include file="odbc_conn.asp"-->
<html>
<head>
```

```html
    <title>书店留言板</title>
<script language="JavaScript">
    <!--
    function check_null(){
            if (document.form1.title.value==""){
                    alert("主题不能为空!");
                    return false;
            }
            if (document.form1.name.value==""){
                    alert("留言人不能为空!");
                    return false;
            }
            return true;
    }
    // -->
    </script>
</head>

<body  bgcolor=pink>
    <h2   align=center><FONT size=5 face=华文彩云 color= blue>书 店 留 言 板
    </h2></FONT>
<form method="post" action="add.asp" name="form1" onsubmit="javascript: return
check_null();">
 <TABLE bgcolor=dodgerBlue align=center border=1 width=500>

        <TR><TD height-35 align=center>留言人</TD>
            <TD><input  type="text" name="name" maxlength=30 ></TD></TR>
        <TR><TD height=35 align=center>E-mail</TD>
            <TD colspan=3><INPUT type= "text" name="Email" ></TD></TR>
        <TR><TD height=35 align=center>主  题</TD>
            <TD colspan=3><INPUT type="text" name="title" size=60 ></TD></TR>
        <TR><TD height=35 align=center>内  容</TD>`
            <TD  colspan=3><TEXTAREA       name="body"     rows=4  cols=60
            wrap=soft></TEXTAREA></TR>
        <TR align=middle><TD height=40 colspan=4 align=center>
            <INPUT type="submit" value=提交>    
            <INPUT type="reset" value=重写></TD></TR>
    </TABLE>
</FORM>
  <a href=browse.asp>查看留言</a>
</body>
</html>
```

显示留言界面程序（browse.asp）代码如下：

```asp
<% option explicit%>
<!--#include file="odbc_conn.asp"-->
    <%
    '现在开始显示已有留言
```

```
Dim Sql,rs                                            '定义变量
    Sql="SELECT guest_id,title,body,name,email,submit_date FROM guest "
Sql=Sql + " order by submit_date desc,guest_id desc"  '这里用了两个字段排序
SET rs=db.execute(Sql)                                '返回一个Recordset对象
If Not rs.bof And Not rs.eof then                     '如果有记录，就接着执行
%>
        <center>
        <table border="0" bordercolor="#8800FFe" width="80%">
            <%
            DO WHILE NOT RS.EOF                       '利用循环依次显示所有记录
            %>
                <tr>
                    <td colspan=2><hr></td>
                </tr>
                <tr>
                    <td width=20%>主题</td>
                    <td><%=rs("title")%></td>
                </tr>
                <tr>
                    <td>内容</td>
                    <td><%=rs("body")%></td>
                </tr>
                <tr>
                    <td>留言人</td>
                    <td><a

href="mailto:<%=rs("email")%>"><%=RS("name")%></a></td>
                </tr>
                <tr>
                    <td>时间</td>
                     <td><%=rs(,"submit_date")%></td>
                </tr>
                <tr>
                    <td></td>
                    <td><a href="delete.asp?guest_id=<%=rs("guest_id")%>">删除

</a></td>
                </tr>
            <%
            RS.MOVENEXT                               '将记录指针移动到下一条记录
        LOOP
        rs.close                                      '执行完毕，关闭recordset对象
        db.close                                      '执行完毕，关闭connection对象
        %>
        </table>
        </center>
    <%end if %>
```

在浏览器中显示的效果如图9-6所示。

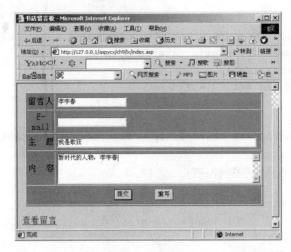

图9-6　书店留言板主界面的网页效果图

单击"查看留言"后，在浏览器中显示的效果如图9-7所示。

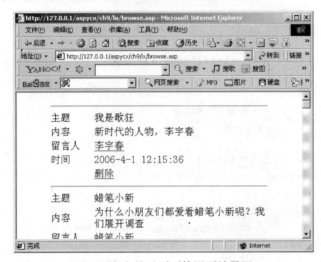

图9-7　留言显示页面的网页效果图

思考与练习

一、简答题

1. 请试着将BBS论坛网页中的数据库连接文件修改成数据源的连接（假设已在服务器端建好数据源）。

2. 请仔细体会下列语句的用法：

< a href="re_announce.asp?bbs_id=<%=bbs_id%>&title=<%=rs("title")%>">回复文章</a>
这一句，可传两个参数，分别是id和title，中间使用&符号连接。请问，能否在浏览器地址栏中给出id和title的值？这与在表单中给出有什么区别？

二、上机题

试着在个人主页中添加留言板程序，将界面做得漂亮些，与个人主页版面一致即可。

第10章 网络程序开发实例——制作动态网站

学习要点：

- 动态网站中如何实现新闻信息的自动发布。
- 动态网站中如何实现新闻的管理。

本章任务：

了解中小型动态网站制作过程及各类文件的处理方法。

10.1 系统概述

10.1.1 系统功能与应用背景

快节奏的现代社会信息量相当大，每天的信息搜集、发布、更新都需要投入很大的人力、物力。在网络发展的今天，每时都有大量的信息在网上发布。这么大的信息量，如果依靠静态网页一个一个制作，新闻的时效性很难发挥。所以，利用动态网站更新、发布信息已成为时代的主流。

本章通过动态网站的制作，讲述如何制作一个能自动进行信息发布的系统。系统开发的任务是在动态网站中实现新闻信息的自动发布及新闻的管理。本例中动态网站系统完成的主要功能如下：

- 页面头、尾文件的显示（head.asp、topy.asp）
- 栏目菜单的显示（menu.asp、head.asp）
- 栏目内新闻的显示（news.asp）
- 相关新闻的显示（about.asp）
- 新闻搜索（search.asp）
- 相关新闻的显示（about.asp）
- 单条新闻的显示（look.asp）

由于篇幅限制，本章中重点介绍部分源程序，其他程序可从网上下载后自己阅读。

10.1.2 系统预览

图10-1是动态网站的主界面。在图的上面显示的是栏目的名称，中间显示的是图片新闻和两个新闻栏目的内容链接，右侧是党旗飘飘、网页展示及新闻搜索引擎，左侧是招生信息、友情链接等。

图10-1 动态网站的网页效果图

10.1.3 系统特点

本章实例具有以下特点：

1）页面模块化：本系统在界面设计上都采用了模块化处理思想，把很多页面共有的部分写在一个模块内，例如页面的头、尾，数据库的连接文件等。在开发时遇到相似的部分，只要用包含语句"<!--#include file="head.asp" -->"将文件包含进来，反复重用，可提高开发效率。

2）新闻模板块：页面中新闻部分采用模板的形式，只要将新闻的一些必要的信息，例如新闻标题、新闻内容、新闻出处等信息录入，然后系统会自动修改模板，再利用组件技术即可自动生成创建新闻文件。这样做，既做到内容格式的统一，又便于新闻的搜索，能充分体现新闻的实效性，而且减少了人力物力。

10.2 系统设计

系统设计思想主要是在系统特点中提到的页面模块化、新闻模板化，这里不再赘述。实现动态网站制作的主要功能是栏目菜单的显示、栏目内新闻的显示、单条新闻的显示、新闻搜索、相关新闻的显示。

数据库设计表如下所示：

表10-1 新闻栏目表（type）

字 段 名	数据类型	长 度	主 键	描 述
Typeid	长整型	8	是（自动编号）	栏目编号
Type	文本	30	否	栏目名称
Typename	文本	50	否	栏目路径
typetime	日期/时间	10	否	栏目加入时间

表10-2 新闻内容表（article）

字 段 名	类 型	长 度	主 键	描 述
Newid	长整型	8	是	新闻编号
Title	文本	150	否	新闻标题
N_fname	文本	50	否	新闻所对应的文件名
Path	文本	50	否	新闻所在的文件夹名称
Content	备注	不限	否	新闻正文内容
Typeid	数字	8	否	新闻所属栏目编号
Typename	文本	50	否	新闻所属栏目名称
Zznews	文本	50	否	新闻作者
Tjnews	数字	8	否	推荐新闻标识
Nfrom	文本	50	否	新闻来源
About	文本	50	否	关键字
Hits	数字	8	否	点击次数
Picurl	文本	50	否	图片路径
Selectpic	数字	8	否	图片新闻标识
Picchk	数字	8	否	新闻包含图片标识
Dateandtime	日期/时间	10	否	新闻加入时间
Shenhe	数字	8	否	审核标识

表10-3 新闻模板表（example）

字 段 名	类 型	长 度	主 键	描 述
Id	长整型	8	是	新闻模板编号
E_memo	备注	不限	否	新闻模板内容
name	文本	50	否	新闻模板名称

10.3 数据库的生成与连接

有了前面的数据表，现在就可创建数据库文件（start.mdb），在第8章已讲过，不再赘述。建好数据库后，为安全起见，系统将数据库文件的后缀名改为.asp。读者可以将后缀改为.mdb后用Access浏览。在动态网页的制作中常将数据库名进行更改，以保护数据库的安全。

为了方便起见，数据库接口语句经常用到，所以放在一个文件里。凡是用到数据库操作的页面将此文件包含起来就行了。

下面是数据库接口部分的代码（articleconn.asp）：

```
<%
title2="学校_后台管理系统"
'下面是数据库连接语句
    dim conn
    dim connstr
    on error resume next                        '有错就执行下一行
    connstr="DBQ="+server.mappath("start.asp")+";DefaultDir=;DRIVER={Microsoft
Access Driver (*.mdb)};"                        '连接数据库
      set conn=server.createobject("ADODB.CONNECTION")
      conn.open connstr
%>
```

10.4 界面设计

10.4.1 界面头、尾设计

为了提高代码的重用性，把客户界面部分相同的头、尾写在两个程序内分别命名为head.asp和topy.asp。与数据库连接文件一样，当用到时只需将此文件包含进来就可以了。例如：

```
<!--#include file="head.asp" -->          '将头文件包含到某文件中
<!--#include file="head.asp" -->          '将尾文件包含到某文件中
```

1）界面头、尾的网页效果如图10-2所示。

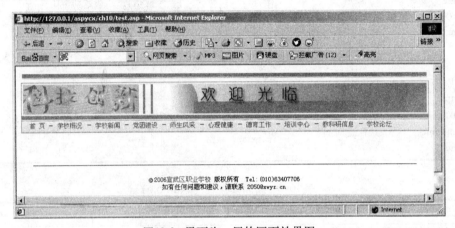

图10-2　界面头、尾的网页效果图

2）界面头文件的代码（head.asp）：

```
<%title="宣武区职业学校"%>
<table width="770" border="0" align="center" cellpadding="0" cellspacing="0">
  <tr>
    <td background="images/topbg.gif"> </td>
  </tr>
</table>
<table width="770" border="0" align="center" cellpadding="3" cellspacing="1"
bgcolor="#6687BA">
  <tr bgcolor="#FFFFFF">
    <td bgcolor="#F2F4F9"> <table width="100%" border="0" cellspacing="0"
    cellpadding="0">
        <tr>
          <td width="222" height="55"><a href=""><img src="images/logotrly.gif"
          width="222" height="55" border="0"></a></td>
          <td width="548"><img src="images/right.gif" width="546" height="55"></td>
        </tr>
      </table></td>
  </tr>
  <tr>
    <td height="30" valign="bottom" background="images/forum_footer.gif">
  <a href="index.asp">首 页</a> - <script src="menu.asp"></script>
```

```
        <a href="bbs/index.asp">学校论坛</a> </td>
    </tr>
</table>
<p> </p>
```

3）界面尾文件的代码（topy.asp）：

```
<div align="center">
    <hr width="730" size="1" color="#003300">
    <br>
    &copy; 2006<a href="index.asp" target="_blank"><font color="#0066CC">宣武区职业
    学校</font></a>
    版权所有  Tel:(010)63407706<br>
    如有任何问题和建议，请联系 <a href="mailto:2050@xwyz.cn">2050@xwyz.cn</a> </div><br>
```

10.4.2　界面栏目菜单的设计

该功能是通过查询数据库中的表来实现的。

下面是界面栏目菜单的代码（menu.asp）：

```
javastr="<style>A.menu2{text-decoration: none;color:#000099;line-height:
25pt;font-size:9pt} A.menu2:hover {text-decoration: none;line-height:
25pt;font-size:9pt;color: #ffffff}A.menu2:visited {color:#FF66cFF;line-height:
25pt;font-size:9pt}</style>"
<!--#include file="articleconn.asp"-->
<%tjnews=request("tjnews")
if tjnews="" then
'查询数据库得到所有的栏目信息，并显示出来
sql="select * from type order by typetime"
set rs=conn.execute(sql)%>
<%
while not rs.eof
%>
javastr=javastr+" <span style=\"font-size:9pt;line-height: 15pt\"><a
href=\"more.asp?ttt=<%=rs("typeid")%>&sss=<%=rs("type")%>\")><%=rs("type")%></s
pan></a><font color=\"#000000\" size=\"2\"> - </font>"
<%rs.movenext
wend
rs.close
set rs=nothing
conn.close
set conn=nothing %>
document.write (javastr)
<%else%>
document.write ("对不起，暂时没有任何内容。")
<%end if%>
```

10.4.3　主页栏目内信息显示的设计

为了在主页上显示最新的新闻信息，系统专门用一个文件来实现这些功能。

1）主页栏目内信息显示的网页效果如图10-3所示。

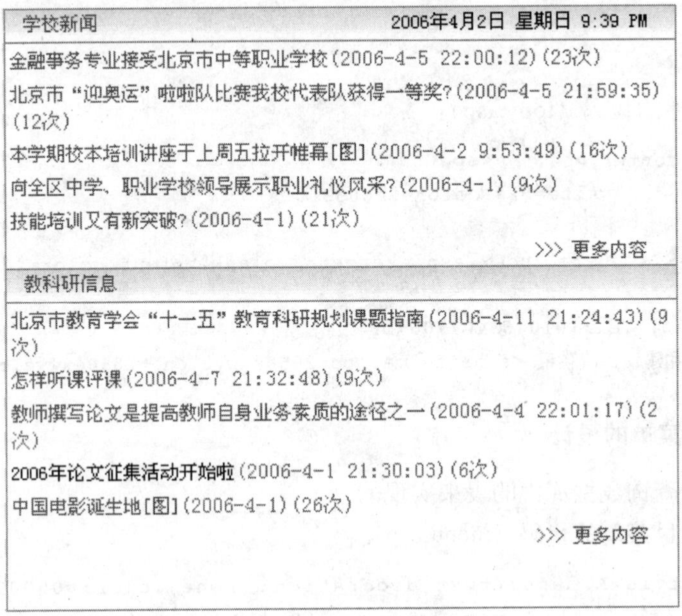

学校新闻	2006年4月2日 星期日 9:39 PM
金融事务专业接受北京市中等职业学校 (2006-4-5 22:00:12) (23次)	
北京市 "迎奥运" 啦啦队比赛我校代表队获得一等奖? (2006-4-5 21:59:35) (12次)	
本学期校本培训讲座于上周五拉开帷幕[图] (2006-4-2 9:53:49) (16次)	
向全区中学、职业学校领导展示职业礼仪风采? (2006-4-1) (9次)	
技能培训又有新突破? (2006-4-1) (21次)	
	>>> 更多内容
教科研信息	
北京市教育学会 "十一五" 教育科研规划课题指南 (2006-4-11 21:24:43) (9次)	
怎样听课评课 (2006-4-7 21:32:48) (9次)	
教师撰写论文是提高教师自身业务素质的途径之一 (2006-4-4 22:01:17) (2次)	
2006年论文征集活动开始啦 (2006-4-1 21:30:03) (6次)	
中国电影诞生地[图] (2006-4-1) (26次)	
	>>> 更多内容

图10-3 主页栏目内信息显示的网页效果图

2）主页栏目内最新新闻显示的部分代码（news.asp）：

```
javastr="<style>A.menu2{text-decoration: none;color:#000099;line-height:
12pt;font-size:9pt} A.menu2:hover {text-decoration: none;line-height:
12pt;font-size:9pt;color: #ffffff}A.menu2:visited {color:#FF66cFF; font-
size:9pt}</style>"
javastr=javastr+"<table width=\"100%\" border=\"0\">"
<!--#include file="articleconn.asp"-->
<%newstype=request("typeid")'获得栏目编号
n=request("n")'获得选取的数据个数
if newstype<> "" then
'从数据库中按时间倒序选取已经审核通过的前n个文章
sql="select  * from article where shenghe=1 and typeid="+cstr(newstype)+" order
by dateandtime desc"
set rs=conn.execute(sql)%>
<%
do while not rs.eof
%>
javastr=javastr+"<tr><td>"
javastr=javastr+"<font  color=\"#6687BA\"> </font><span style=\"font-
size:9pt;line-height:                                                 13pt\"><a
href=\"open.asp?id=<%=rs("newsid")%>&path=<%=rs("path")%>&filename=<%=rs("N_Fna
me")%>\") target=\"_blank\"><%=rs("title")%></span></a><font color=\"#ff0000\"><%if
rs("selectpic")= 1 then%>[图]<%end if%></font><font color=\"#666666\" font
size=\"1\">(<%=rs("dateandtime")%>)(<%=rs("hits")%>次)</font>"
javastr=javastr+"</td></tr>"
```

```
<%n=n-1
if n<1 then exit do
rs.movenext
loop
%>
<% if n<1 then %>
javastr=javastr+"</table><span style=\"font-size:9pt;line-height: 13pt\"><a
href=\"more.asp?ttt=<%=rs("typeid")%>&sss=<%=rs("typename")%>\"
target=\"_blank\">>>> 更多内容</span></a>"
<% end if %>
<%rs.close
set rs=nothing
conn.close
set conn=nothing%>
document.write (javastr)
<%else%>
document.write ("对不起，暂时没有任何内容。")
<%end if%>
```

10.4.4 新闻搜索功能的设计

新闻搜索包含两种方式：一种是按照新闻标题搜索，另一种是按照新闻内容搜索。新闻搜索主要是写SQL语句进行模糊查询，通过查询数据库中的新闻表格得到搜索结果。

1）新闻搜索部分显示的网页效果如图10-4所示。

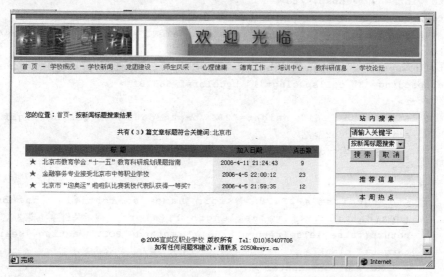

图10-4 按新闻标题搜索"北京市"显示的网页效果图

2）完成新闻搜索功能的部分代码（search.asp）：

```
<!--#include file="head.asp" -->
<html>
<head>
<meta http-equiv="Content-Type" content="text/html; charset=gb2312">
<title><%=title%></title>
```

```html
<link href="css.css" rel="stylesheet" type="text/css">
<script language="JavaScript" type="text/JavaScript">
<!--
function MM_reloadPage(init) {  //reloads the window if Nav4 resized
  if  (init==true)  with  (navigator)  {if  ((appName=="Netscape")
  &&(parseInt(appVersion)==4)) {
    document.MM_pgW=innerWidth; document.MM_pgH=innerHeight; onresize=MM_reloadPage; }}
  else if (innerWidth!=document.MM_pgW || innerHeight!=document.MM_pgH)
  location.reload();
}
MM_reloadPage(true);
//-->
</script>
</head>

<body leftmargin="0" topmargin="0">
<table width="770" border="0" align="center" cellpadding="0" cellspacing="0">
  <tr>
    <td> </td>
    <td> </td>
    <td> </td>
    <td> </td>
  </tr>
  <tr>
    <td width="20"> </td>
    <td width="529" valign="top">您的位置：<a href="">首页</a>-
      <%sss=request("sss")%> <span class="unnamed1"><%=sss%>结果</span></td>
    <td width="20"> </td>
    <td rowspan="3" align="right" valign="top"> <table width="161" border="0"
    cellpadding="3" cellspacing="1" bgcolor="#6687BA">
        <tr>
          <td width="161" height="20" background="images/bg11.gif"> <div
          align="center">站
              内 搜 索</div></td>
        </tr>
        <tr>
          <td bgcolor="#F2F4F9"> <form name="searchtitle" onsubmit="if
          (searchtitle.ttt.value.length<1){alert('搜索关键字不能为空！:)');
          return(false)}else{return(true)}" method="POST" action="search.asp"
          target="_blank">
              <div align="center">
                <input name="ttt" type="text" class="unnamed5" style="FONT-
                SIZE: 9pt" onfocusin='vbscript:searchtitle.ttt.value=""'
                value="请输入关键字" size="16">
                <br>
                <select class="unnamed5" name="sss" size="1" style="FONT-SIZE: 9pt">
                  <option selected>按新闻标题搜索</option>
                  <option>按新闻内容搜索</option>
                </select>
```

```
            <br>
            <input type="submit" name="Submit" value="搜 索"
            class="unnamed5" style="FONT-SIZE: 9pt">
            <input type="reset" name="Submit2" value="取 消"
            class="unnamed5" style="FONT-SIZE: 9pt">
          </div>
        </form></td>
      </tr>
      <tr>
        <td height="20" background="images/bg11.gif"> <div align="center">推
            荐 信 息</div></td>
      </tr>
      <tr>
        <td height="10" bgcolor="#F2F4F9"><script language="javascript"
        src="tjnews1.asp?tjnews=1"></script></td>
      </tr>
      <tr>
        <td height="20" background="images/bg11.gif"> <div align="center">本
            周 热 点</div></td>
      </tr>
      <tr>
        <td height="9" bgcolor="#F2F4F9"><script language="javascript"
        src="week1.asp?week1=2"></script></td>
      </tr>
      <tr>
        <td height="10" bgcolor="#F2F4F9"> </td>
      </tr>
    </table></td>
  </tr>
  <tr>
    <td> </td>
    <td valign="top"><p align="center"><br>
        <!--#include file="articleconn.asp"-->
        <!--#include file="chkstr.inc"-->
        <%
mmm=request("mmm")
if mmm="" then mmm=0'设置初始页数
sss=request("sss")'得到搜索的方式
ttt=request("ttt")'得到搜索的关键词
ttt=LTRIM(RTRIM(ttt))'对ttt去掉左右空格
if sss="按新闻标题搜索" then
set rs=server.createobject("adodb.recordset")
'按新闻标题搜索含有ttt的所有文章
sql ="select * from article where (title like '%"&checkStr(ttt)&"%') order by
dateandtime Desc"
rs.open sql,conn,1,1%>
        <div align="center">
        <center>
          <table border="0" cellpadding="0" cellspacing="0" width="98%"
```

```
                    bordercolor="#000000"                    bordercolorlight="#000000"
                    bordercolordark="#FFFFFF" class="unnamed2" >
                      <tr>
                        <td width="100%"> <p align="center">共有（<font color="#FF0000">
                        <%=rs.recordcount%></font>）篇文章标题符合关键词：<font
                        color="#FF0000"><%=ttt%></font> </td>
                      </tr>
                    </table>
                  </center>
                </div>
            <% end if
if sss="按新闻内容搜索" then
'按新闻内容搜索含有ttt的所有文章
set rs=server.createobject("adodb.recordset")
sql ="select * from article where (content like '%"&checkStr(ttt)&"%') order by
dateandtime Desc"
rs.open sql,conn,1,1%> <div align="center">
              <center>
                <table border="0" cellpadding="0" cellspacing="0" width="98%"
                bordercolor="#000000" bordercolorlight="#000000" bordercolordark=
                "#FFFFFF" class="unnamed2" >
                  <tr>
                    <td  width="100%">  <p  align="center">共有（<font color=
                    "#FF0000"><%=rs.recordcount%></font>）篇文章内容符合关键词：<font
                    color="#FF0000"><%=ttt%></font> </td>
                  </tr>
                </table>
              </center>
            </div>
            <% end if %> <% if rs.eof and rs.bof then
response.write "<p align='center'>【<a href='javascript:window.close()'>关闭窗口</a>】"
response.end
end if
i=0 %> <br> <table width="98%" border="0" cellpadding="3" cellspacing="0"
bordercolorlight="#000000" bordercolordark="#FFFFFF" bgcolor="#666666"
class="unnamed2">
            <tr>
              <td width="453" background="images/bg10.gif"> <p align="center">标 题
              </td>
              <td width="160" background="images/bg10.gif"> <p align="center">加入日期
              </td>
              <td width="70" background="images/bg10.gif"> <p align="center">点击数 </td>
            </tr>
            <td width="453"><form method=Post action="search.asp">
              <%
      if mmm<>0 then
      for iisf=1 to mmm *28
            if rs.eof then exit for
            rs.movenext
```

```
    next
    end if
    do while not rs.eof
    %>
        </form>
        <tr>
            <td   width="453"   align="left"   bgcolor="#FFFFFF"> <a
            href="<%=rs("path")%>/<%=rs("N_Fname")%>">★<%=rs("title")%></a>
            </td>
            <td   width="160"   bgcolor="#F7F7F7"   align="center"><%=rs
            ("dateandtime")%></td>
            <td width="70" align="center" bgcolor="#F7F7F7"><%=rs("hits")%></td>
        </tr>
        <% i=i+1
    rs.movenext
    if i=28 then exit do
    loop
%>
        <td width="453"><form method=Post action="search.asp">
            </form>
        </table>
        <div align="center"></div>
        <p align="center"> <span class="unnamed1">
    <%'下面为分页显示%>
        <!--上页-->
        <%if mmm<>0 then%>
        <%="<a href=search.asp?mmm=" & mmm-1 & "&sss=" & sss & "&ttt=" & ttt &
        ">上页</a>"%>
        <%end if%>
        <!--下页-->
        <%if not rs.eof then%>
        <%="<a href=search.asp?mmm=" & mmm+1 & "&sss=" & sss & "&ttt=" & ttt &
        ">下页</a>"%>
        <%end if%>
        </span></p>
        <%
rs.close
set rs=nothing
conn.close
set conn=nothing %> <p align="center">
        <%
rs.close
set rs=nothing
conn.close
set conn=nothing %>
    </td>
    <td> </td>
  </tr>
  <tr>
```

```
        <td> </td>
        <td valign="top"> </td>
        <td> </td>
    </tr>
</table>
</body>
</html>
<!--#include file="topy.asp" -->
```

10.4.5 图片新闻显示的设计

在新闻系统中有一些最新的和较重要的新闻，为了引起浏览者的注意，将其以图片新闻的格式显示出来。图片新闻就是在首页上显示图片，并在旁边显示新闻的部分内容的新闻格式。在该系统中通过查询数据库中的新闻表格，找到那些图片新闻标识字段为1的新闻信息，将最新的新闻采用图片新闻的形式呈现在网页上。

1) 图片新闻的网页效果如图10-5所示。

图10-5 图片新闻显示的网页效果图

2) 图片新闻部分的代码（picnews.asp）：

```
<!--#include file="articleconn.asp"-->
<html>
<head>
<title>Untitled Document</title>
<meta http-equiv="Content-Type" content="text/html; charset=gb2312">
<style type="text/css">
<!--
-->
</style>
<style type="text/css">
<!--
-->
</style>
<link href="css.css" rel="stylesheet" type="text/css">
</head>
<body>
<%
n=1
'查询出为首页图片新闻的最新文章作为首页上的图片新闻显示
if n<> "" then
sql="select * from article where picchk=1 order by dateandtime desc"
set rs=conn.execute(sql)%>
<%
```

```
do while not rs.eof
%>
<table  border="0" cellpadding="0" cellspacing="0">
  <tr>
    <td      valign="top"><a  href="open.asp?id=<%=rs("newsid")%>>&path
    =<%=rs("path")%>&filename=<%=rs("N_Fname")%>") target="_blank" ><img
    src=<%=rs("picurl")%> border="0"></a></td>
    <td width=20%   valign="top"> </td>
    <td width=80%     valign="top" ><span class="unnamed1"><span class=
    "unnamed2"><span class="unnamed2"><a href="open.asp?id=<%= rs("newsid")%>
    &path=<%=rs("path")%>&filename=<%=rs("N_Fname")%>" target="_blank">
    <%=left(rs("content"),180)%>...</a></span></span></span></td>
  </tr>
</table>
<%n=n-1
if n<1 then exit do
rs.movenext
loop
rs.close
set rs=nothing
conn.close
set conn=nothing%> <%end if%>
</body>
</html>
```

参 考 文 献

[1] 唐建平. ASP动态网页程序设计与制作实训教程[M]. 北京：机械工业出版社，2006.

[2] 沈大林. ASP动态网页设计与应用[M]. 北京：电子工业出版社，2007.

[3] 刘杰，魏志宏. 网站开发新动力——用ASP轻松开发WEB网站[M]. 北京：北京希望电子出版社，2000.

[4] 尚俊杰. 网络程序设计——ASP[M]. 2版. 北京：清华大学出版社，2009.

[5] 唐建平，陈建军. ASP程序设计实用教程[M]. 北京：人民邮电出版社，2005.

[6] 刘瑞新. ASP网页数据库短训教程[M]. 北京：机械工业出版社，2004.

计算机应用技术规划教材

作者：黄建文 等
书号：978-7-111-29169-5
定价：23.00元

作者：韦文山 等
书号：978-7-111-31597-1
定价：28.00元

作者：徐凤生 等
书号：978-7-111-32122-4
定价：28.00元

作者：曹雪峰 编著
书号：978-7-111-30124-0
定价：30.00元

作者：杨佩理 周洪斌
书号：978-7-111-25681-6
定价：29.00元

作者：李丹 赵占坤 等
书号：978-7-111-28668-4
定价：29.00元

作者：吕云翔 等
书号：978-7-111-31844-6
定价：29.00元

相关图书

书号: 978-7-111-30035-9
定价: 36.00元

书号: 978-7-111-27734-7
定价: 39.00元

书号: 978-7-111-31311-3
定价: 33.00元

书号: 978-7-111-33615-0
定价: 29.00元

书号: 978-7-111-27462-9
定价: 39.00元

书号: 978-7-111-27014-0
定价: 35.00元

书号: 978-7-111-31561-2
定价: 35.00元

书号: 978-7-111-27808-5
定价: 25.00元

教师服务登记表

尊敬的老师：

您好！感谢您购买我们出版的＿＿＿＿＿＿＿＿＿＿＿＿＿＿＿＿＿＿＿＿ 教材。

机械工业出版社华章公司为了进一步加强与高校教师的联系与沟通，更好地为高校教师服务，特制此表，请您填妥后发回给我们，我们将定期向您寄送华章公司最新的图书出版信息！感谢合作！

个人资料（请用正楷完整填写）

教师姓名		□先生 □女士	出生年月		职务		职称：□教授　□副教授 　　　□讲师　□助教　□其他		
学校			学院			系别			

联系 电话	办公： 宅电： 移动：		联系地址 及邮编	
			E-mail	

学历		毕业院校		国外进修及讲学经历	

研究领域	

主讲课程	现用教材名	作者及 出版社	共同授 课教师	教材满意度
课程： □专　□本　□研 人数：　学期：□春□秋				□满意　□一般 □不满意　□希望更换
课程： □专　□本　□研 人数：　学期：□春□秋				□满意　□一般 □不满意　□希望更换

样书申请		
已出版著作		已出版译作
是否愿意从事翻译/著作工作　□是　□否　方向		
意见和建议		

填妥后请选择以下任何一种方式将此表返回：（如方便请赐名片）

地　址：北京市西城区百万庄南街1号　华章公司营销中心　　邮编：100037

电　话：(010) 68353079 88378995　传真：(010)68995260

E-mail:hzedu@hzbook.com　marketing@hzbook.com　　图书详情可登录http://www.hzbook.com网站查询